全国中等职业学校机械类专业通用教材

全国技工院校机械类专业通用教材（中级技能层级）

机 械 制 图

（少学时）（第三版）

果连成　主编

中国劳动社会保障出版社

简介

本书主要内容包括制图基本知识与技能、正投影作图基础、组合体、机械图样的基本表示法、机械图样的特殊表示法、零件图、装配图、其他专业图样等。

本书由果连成任主编，钱可强、韩明达、卓军、孙喜兵、翟旭华、曲静参加编写，崔兆华任主审。

图书在版编目（CIP）数据

机械制图：少学时 / 果连成主编 . -- 3 版 .
北京：中国劳动社会保障出版社，2024. --（全国中等
职业学校机械类专业通用教材）（全国技工院校机械类专
业通用教材）. -- ISBN 978-7-5167-6501-2

I. TH126

中国国家版本馆 CIP 数据核字第 2024G96X64 号

中国劳动社会保障出版社出版发行

（北京市惠新东街 1 号　邮政编码：100029）

*

北京宏伟双华印刷有限公司印刷装订　　新华书店经销

787 毫米 ×1092 毫米　16 开本　13.5 印张　320 千字
2024 年 6 月第 3 版　　2024 年 6 月第 1 次印刷

定价：34.00 元

营销中心电话：400-606-6496

出版社网址：http://www.class.com.cn

http://jg.class.com.cn

前 言

　　为了更好地适应全国技工院校机械类专业的教学要求，全面提升教学质量，我们组织有关学校的一线教师和行业、企业专家，充分调研企业生产和学校教学情况，广泛听取教师对教材使用的反馈意见，在完成全国技工院校机械类专业通用教材修订工作的基础上，又对其少学时版教材进行了修订。本次修订的少学时版教材包括：《机械制图（少学时）（第三版）》《机械基础（少学时）（第三版）》《极限配合与技术测量基础（少学时）（第三版）》《金属材料与热处理（少学时）（第三版）》《机械制造工艺基础（少学时）（第三版）》《电工学（少学时）（第三版）》《工程力学（少学时）（第三版）》等。

　　本次教材修订工作的重点主要体现在以下三个方面：

　　第一，更新教材内容，体现时代发展。

　　根据机械类专业毕业生所从事岗位的实际需要和教学实际情况的变化，合理确定学生应具备的能力与知识结构，对部分教材内容及其深度、难度做了适当调整；根据相关专业领域的最新发展，在教材中充实新知识、新技术、新设备、新材料等方面的内容，体现教材的先进性；采用最新国家技术标准，使教材更加科学和规范。

　　第二，提升表现形式，激发学习兴趣。

　　在教材内容的呈现形式上，较多地利用图片、实物照片和表格等形式将知识点生动地展示出来，在教材插图的制作中全面采用立体造型技术，力求让学生更直观地理解和掌握所学内容。针对不同的知识点，设计了许多贴近实际的互动栏目，在激发学生学习兴趣和自主学习积极性的同时，使教材"易教易学，易懂易用"。在印刷工艺上采用四色印刷，增强了教材的表现力。

　　第三，打造融媒体教材，提供教学服务。

　　本套教材为融媒体教材，针对教材中的教学重点和难点制作了动画、视频、微课等多媒体资源，学生使用移动终端扫描二维码即可在线观看相应内容。本套教材配有习题册和多媒体电子课件，可以通过技工教育网（http://jg.class.com.cn）下载电子课件等教学资源。

本次教材的修订工作得到了河北、辽宁、江苏、山东、广东、广西、陕西等省、自治区人力资源社会保障厅及有关学校的大力支持，在此我们表示诚挚的谢意。

目　　录

---

* 表示选学内容。

绪　论

在现代工业生产中，机械、化工和建筑工程等都是根据图样进行制造和施工的。设计者利用图样表达设计意图；制造者通过图样了解设计内容、技术要求，从而组织制造和指导生产；使用者通过图样了解机械设备的结构和性能，从而进行操作、维修和保养。可见，图样作为交流技术信息的重要媒介，是工程界的通用技术语言。

一、图样及其作用

根据投影原理、标注及有关规定表示的工程对象，并有必要的技术说明的图，称为图样。在制造机器或部件时，应根据各零件图加工不同零件，然后按照装配图把若干零件组装成机器或部件。如图 0-1 所示千斤顶的左下方是其顶块的零件图，零件图是表达零件结构、形状、大小和技术要求的图样。右下方是整个千斤顶的装配图，装配图是表达机器或部件中各零件间的连接方式和装配关系的图样。两者都是指导企业生产的重要技术文件。

二、本课程的主要内容和基本要求

本课程研究的图样主要是机械图样。本课程的主要内容包括制图基本知识与技能、正投影作图基础、机械图样的表示法、零件图和装配图的识读与绘制、其他专业图样等。学完本课程应达到以下基本要求：

1. 通过学习制图基本知识与技能，应熟悉国家标准《机械制图》的基本规定，学会正确使用绘图工具和仪器的方法，初步掌握徒手绘制草图的技能。

2. 正投影法基本原理是识读和绘制机械图样的理论基础，是本课程的核心内容。通过学习正投影作图基础、组合体及其尺寸标注，应掌握运用正投影法表达空间形体的图示方法，并具备一定的空间想象和思维能力。

3. 机械图样的表示法包括图样的基本表示法及常用机件和标准结构要素的特殊表示法。通过学习图样的表示法，理解并掌握视图、剖视图、断面图等的画法和注法规定，以及螺纹紧固件连接、齿轮啮合、键和销连接等画法规定，这是识读和绘制零件图、装配图的重要基础。

4. 机械图样的识读与绘制是本课程的主干内容，也是学习本课程的目的所在。通过学习，还应了解各种技术要求的符号、代号和标记的含义，具备识读和绘制中等复杂程度零件图与装配图的基本能力。

三、学习方法提示

本课程是一门既有理论又有较强实践性的专业基础课，因此，在学习本课程中要注意以下几点：

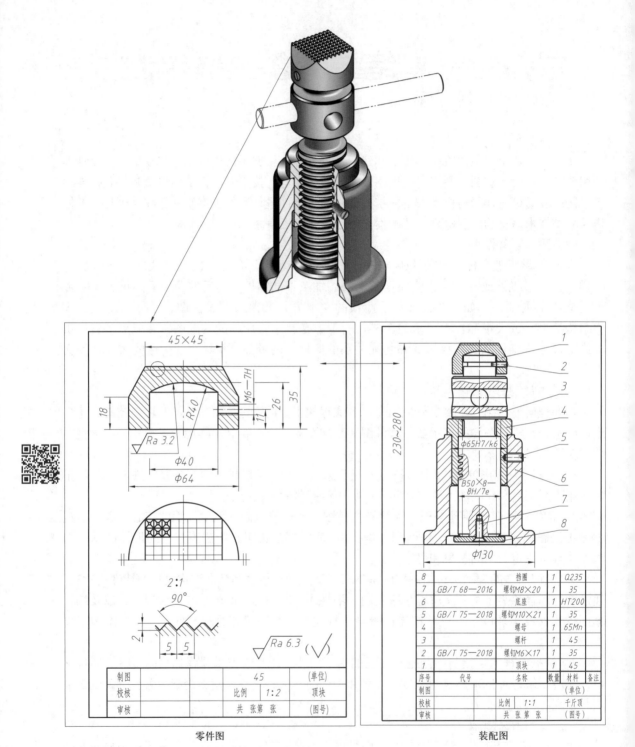

零件图

装配图

8		挡圈	1	Q235
7	GB/T 68—2016	螺钉M8×20	1	35
6		底座	1	HT200
5	GB/T 75—2018	螺钉M10×21	1	35
4		螺母	1	65Mn
3		螺杆	1	45
2	GB/T 75—2018	螺钉M6×17	1	35
1		顶块	1	45
序号	代号	名称	数量	材料	备注
制图				(单位)	
校核		比例	1:1	千斤顶	
审核		共 张第 张		(图号)	

制图		45		(单位)
校核		比例	1:2	顶块
审核		共 张第 张		(图号)

图 0-1　千斤顶及其零件图与装配图

1. 掌握规律

本课程的核心内容是研究如何用二维平面图形表达三维空间物体的形状，以及由二维平面图形想象三维空间物体的形状。因此，学习本课程的重要方法是自始至终把物体的投影与物体的形状紧密联系，不断地"由物画图"和"由图想物"，既要想象物体的形状，又要思考作图的投影规律和方法，逐步提高空间想象和思维能力。

2. 学练结合

要注重在学中练，练中学。每堂课后，要及时认真地完成相应的习题或作业，巩固所学知识。虽然本课程的教学目标是以识图为主，但是读图源于画图，所以要读画结合，以画促读，通过画图训练促进读图能力的提高。

3. 遵循标准

工程图样不仅是我国工程界的技术语言，也是国际工程界通用的技术语言，不同国籍的工程技术人员都能读懂。工程图样之所以具有这种性质，是因为工程图样是按国际上共同遵守的规则绘制的。这些规则可归纳为两个方面：一是规律性的投影作图；二是规范性的制图标准。学习本课程时应遵循这两个规则，不仅要熟练地掌握空间形体与平面图形的对应关系，具有丰富的空间想象能力，同时还要熟悉、了解国家标准《技术制图》和《机械制图》的相关内容，并严格遵守。

知识链接

18世纪欧洲的工业革命促进了科学技术的迅速发展。法国科学家蒙日根据平面图形表示空间形体的规律，应用投影方法创建了画法几何学，从而奠定了图学理论的基础。

在图学发展的历史长河中，我国劳动人民也有杰出贡献。北宋李诫所著的《营造法式》就是典型代表，书中记载的各种图样与现代的正投影图、轴测图、透视图的画法十分相近。

第 1 章

制图基本知识与技能

本章提要

工程图样是现代工业生产中的重要技术资料，也是工程界交流信息的共同语言，具有严格的规范性。掌握制图基本知识与技能，是培养画图和读图能力的基础。本章着重介绍国家标准《技术制图》和《机械制图》中的制图基本规定，并简要介绍绘图工具的使用以及平面图形的画法。

§1–1　制图基本规定

为了适应现代化生产、管理和技术交流，我国制定并发布了一系列国家标准，简称"国标"，包括强制性国家标准（代号为"GB"）、推荐性国家标准（代号为"GB/T"）和国家标准化指导性技术文件（代号为"GB/Z"）。例如，《技术制图　图样画法　视图》（GB/T 17451—1998）即表示技术制图标准中图样画法的视图部分，发布顺序号为 17451，发布年号是 1998 年。需注意的是，《机械制图》标准适用于机械图样，《技术制图》标准则对工程界的各种专业图样普遍适用。本节摘录了国家标准《技术制图》和《机械制图》中有关的基本规定，其他常用标准将在后续相关章节中介绍。

一、图纸幅面和格式（GB/T 14689—2008）

1. 图纸幅面

绘制图样时，应优先采用表 1-1 中规定的图纸基本幅面尺寸。基本幅面代号有 A0、A1、A2、A3、A4 五种。

图 1-1 中粗实线所示为基本幅面。必要时，可以按规定加长图纸的幅面，加长幅面的尺寸由基本幅面的短边成整数倍增加后得出。细实线及细虚线所示分别为第二选择和第三选择的加长幅面。

表 1–1　图纸幅面及图框格式尺寸

mm

幅面代号	幅面尺寸	周边尺寸		
	$B \times L$	a	c	e
A0	841 × 1 189	25	10	20
A1	594 × 841	25	10	20
A2	420 × 594	25	10	10
A3	297 × 420	25	5	10
A4	210 × 297	25	5	10

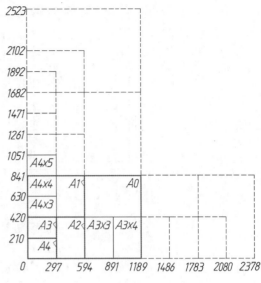

图 1–1　五种图纸幅面及加长边

2. 图框格式

图纸上限定绘图区域的线框称为图框。图框在图纸上必须用粗实线画出，图样绘制在图框内部。其格式分为留装订边和不留装订边两种，如图 1–2 和图 1–3 所示。同一产品的图样只能采用一种图框格式。

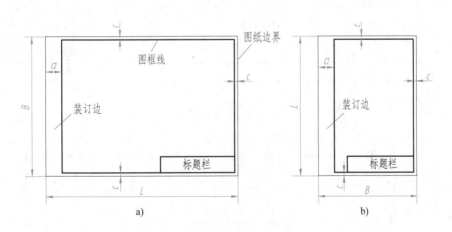

a)　　　　　　　　　　　　　　b)

图 1–2　留装订边的图框格式

为了复制和缩微摄影的方便，应在图纸各边长的中点处绘制对中符号。对中符号是从周边画入图框内 5 mm 的一段粗实线，如图 1–3b 所示。当对中符号在标题栏范围内时，则伸入标题栏内的部分予以省略。

3. 标题栏

标题栏由名称及代号区、签字区、更改区和其他区组成，其格式和尺寸按 GB/T 10609.1—2008 规定绘制，如图 1–4a 所示，教学中建议采用简化的标题栏（图 1–4b）。

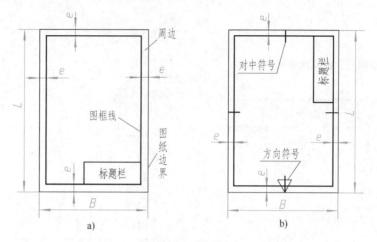

图 1-3 不留装订边的图框格式及对中、方向符号

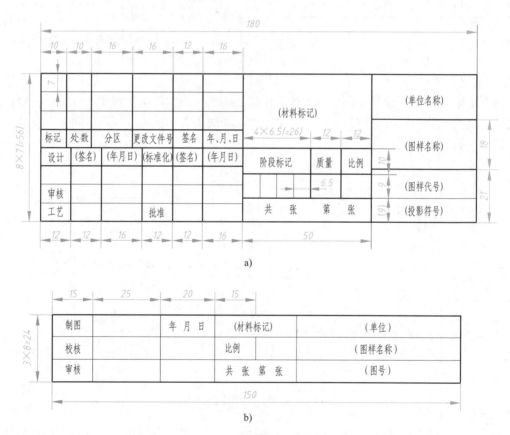

a)

b)

图 1-4 标题栏的格式

标题栏位于图纸右下角，标题栏中的文字方向为看图方向。如果使用预先印制的图纸，需要改变标题栏的方位时，必须将其旋转至图纸的右上角，此时，为了明确看图的方向，应在图纸的下边对中符号处画一个方向符号（用细实线绘制的正三角形），如图 1-3b所示。

二、比例（GB/T 14690—1993）

比例是指图样中图形与其实物相应要素的线性尺寸之比。当需要按比例绘制图样时，应从表1–2规定的系列中选取。

表1–2　　　　　　　　　　　　　　　　绘图比例

原值比例	1:1					
放大比例	2:1 （2.5:1）	5:1 （4:1）	$1 \times 10^n:1$ （$2.5 \times 10^n:1$）	$2 \times 10^n:1$ （$4 \times 10^n:1$）	$5 \times 10^n:1$	
缩小比例	1:2 （1:1.5） （$1:1.5 \times 10^n$）	1:5 （1:2.5） （$1:2.5 \times 10^n$）	1:10	$1:1 \times 10^n$ （1:3） （$1:3 \times 10^n$）	$1:2 \times 10^n$ （1:4） （$1:4 \times 10^n$）	$1:5 \times 10^n$ （1:6） （$1:6 \times 10^n$）

注：n 为正整数，优先选用不带括号的比例。

为了看图方便，绘图时应优先采用原值比例。若机件太大或太小，则采用缩小或放大比例绘制。不论放大或缩小，标注尺寸时必须注出机件的实际尺寸。图1–5所示为用不同比例画出的同一图形。

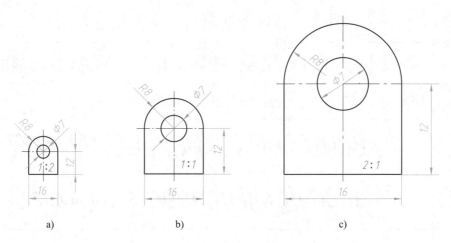

a)　　　　　　　　　　　b)　　　　　　　　　　　c)

图1–5　用不同比例画出的同一图形

三、字体（GB/T 14691—1993）

图样中书写的汉字、数字和字母，必须做到：字体工整，笔画清楚，间隔均匀，排列整齐。字体的号数即字体的高度 h 分为8种，即20 mm、14 mm、10 mm、7 mm、5 mm、3.5 mm、2.5 mm、1.8 mm。

汉字应写成长仿宋体，并采用国家正式公布的简化字。汉字的高度应不小于3.5 mm，其宽度一般为 $h/\sqrt{2}$。

长仿宋体汉字的书写要领是横平竖直，注意起落，结构均匀，填满方格。汉字常由几个部分组成，为了使字体结构匀称，书写时应恰当分配各组成部分的比例。

数字和字母可写成直体或斜体（常用斜体），斜体字字头向右倾斜，与水平基准线约成75°。字体示例见表1–3。

表 1-3　　　　　　　　　　　字体示例

类型	示例		
长仿宋体汉字	基本笔画 结构特点		
	10号	字体工整　笔画清楚　间隔均匀　排列整齐	
	7号	横平竖直　注意起落　结构均匀　填满方格	
	5号	技术制图石油化工机械电子汽车航空船舶土木建筑矿山井坑港口纺织焊接设备工艺	
	3.5号	螺纹齿轮端子接线飞行指导驾驶舱位挖填施工引水通风闸阀坝棉麻化纤材料及热处理	
拉丁字母	大写斜体	ABCDEFGHIJKLMNOPQRSTUVWXYZ	
	小写斜体	abcdefghijklmnopqrstuvwxyz	
阿拉伯数字	斜体	0123456789	
	正体	0123456789	
罗马数字	斜体	I II III IV V VI VII VIII IX X	
	正体	I II III IV V VI VII VIII IX X	

类型	示例			
字体的应用	$\phi 20^{+0.010}_{-0.023}$　　$7°^{+1°}_{-2°}$　　$\dfrac{3}{5}$ $A{-}A$　　$M24{-}6h$　　$HT200$　$R8$　5% $\phi 25\dfrac{H6}{m5}$　　$\dfrac{\text{II}}{2:1}$　　$\dfrac{A}{5:1}$ ┃↗┃ 0.02 ┃ A 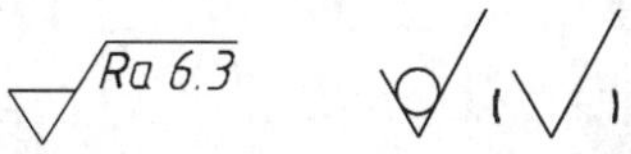 ┃　　▽ Ra 6.3　　√(√)			

四、图线（GB/T 17450—1998、GB/T 4457.4—2002）

1. 图线的线型及应用

绘图时应采用国家标准规定的图线线型和画法。国家标准《技术制图　图线》（GB/T 17450—1998）规定了绘制各种技术图样的 15 种基本线型。根据基本线型及其变形，国家标准《机械制图　图样画法　图线》（GB/T 4457.4—2002）中规定了 9 种图线，其名称、线型及应用示例见表 1-4 和图 1-6。

机械制图中通常采用两种线宽，粗、细线的比例为 2:1，粗线宽度（d）优先采用 0.5 mm、0.7 mm。为了保证图样清晰，便于复制，应尽量避免出现线宽小于 0.18 mm 的图线。

表 1-4　　　　　　　　图线的线型及应用（根据 GB/T 4457.4—2002）

图线名称	线型	图线宽度	一般应用举例
粗实线	──────────	粗（d）	可见轮廓线
细实线	──────────	细（$d/2$）	尺寸线及尺寸界线 剖面线 重合断面的轮廓线 过渡线
细虚线	─ ─ ─ ─ ─ ─ ─	细（$d/2$）	不可见轮廓线
细点画线	─ · ─ · ─ · ─	细（$d/2$）	轴线 对称中心线
粗点画线	━ · ━ · ━ · ━	粗（d）	限定范围表示线
细双点画线	─ ·· ─ ·· ─	细（$d/2$）	相邻辅助零件的轮廓线 轨迹线 可动零件的极限位置的轮廓线 中断线
波浪线	～～～～	细（$d/2$）	断裂处边界线
双折线	─/\/─	细（$d/2$）	视图与剖视图的分界线
粗虚线	━ ━ ━ ━ ━	粗（d）	允许表面处理的表示线

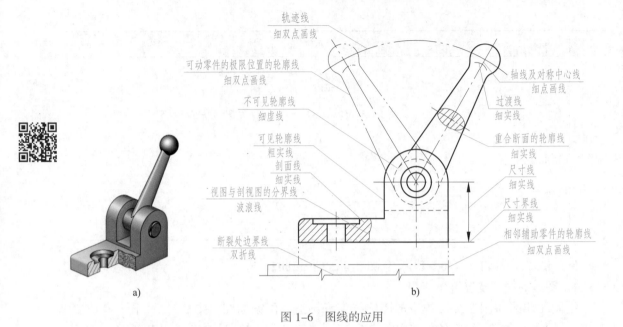

图 1-6　图线的应用

2. 图线画法

（1）细虚线、细点画线、细双点画线与其他图线相交时尽量交于画或长画处。如图 1-7a 所示，画圆的中心线时，圆心应是长画的交点，细点画线两端应超出轮廓 3 ~ 5 mm；当细点画线较短时（如小圆直径小于 8 mm），允许用细实线代替细点画线，如图 1-7b 所示；图 1-7c 所示为错误画法。

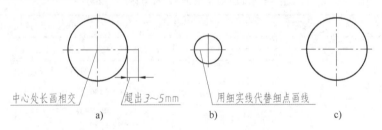

图 1-7　圆中心线的画法

（2）细虚线直接在粗实线延长线上相接时，细虚线应留出空隙，如图 1-8a 所示；细虚线与粗实线垂直相接时则不留空隙，如图 1-8b 所示；细虚线圆弧与粗实线相切时，细虚线圆弧应留出空隙，如图 1-8c 所示。

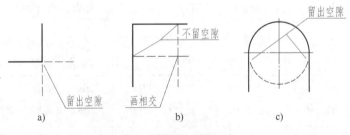

图 1-8　细虚线的画法

§1-2 尺寸注法

图形只能表示物体的形状，而其大小由标注的尺寸确定。尺寸是图样中的重要内容之一，是制造机件的直接依据。因此，在标注尺寸时必须严格遵守国家标准中的有关规定，做到正确、齐全、清晰和合理。

一、标注尺寸的基本规则

1. 机件的真实大小应以图样上标注的尺寸数值为依据，与图形的大小及绘图的准确度无关。

2. 图样中的尺寸以 mm 为单位时，不必标注计量单位的符号（或名称）。如采用其他单位，则应注明相应的单位符号。

3. 图样中所标注的尺寸为该图样所示机件的最后完工尺寸，否则应另加说明。

4. 机件上的每一尺寸一般只标注一次，并应标注在表示该结构最清晰的图形上。

二、标注尺寸的要素

标注尺寸由尺寸界线、尺寸线和尺寸数字三个要素组成，如图1-9所示。

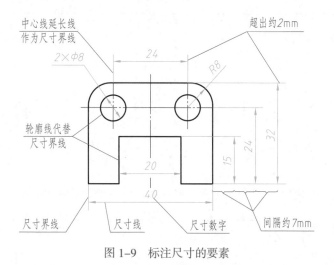

图1-9 标注尺寸的要素

1. 尺寸界线

尺寸界线表示所注尺寸的起始和终止位置，用细实线绘制，并应从图形的轮廓线、轴线或对称中心线引出；也可以直接利用轮廓线、轴线或对称中心线作为尺寸界线。尺寸界线一般应与尺寸线垂直，并超出尺寸线约 2 mm。

2. 尺寸线

尺寸线用细实线绘制，应平行于被标注的线段，相同方向各尺寸线之间的间隔约 7 mm。

尺寸线一般不能用图形上的其他图线代替，也不能与其他图线重合或画在其延长线上，并应尽量避免与其他尺寸线或尺寸界线相交。

尺寸线终端有箭头（图1-10a）和斜线（图1-10b）两种形式。通常，机械图样的尺寸线终端画箭头，土木建筑图样的尺寸线终端画斜线。当没有足够的位置画箭头时，可用小圆点（图1-10c）或斜线（图1-10d）代替。

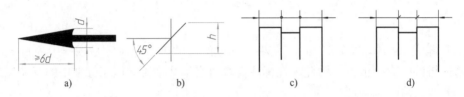

图1-10　尺寸线的终端
a）箭头形式　b）斜线形式　c）用小圆点代替　d）用斜线代替

3. 尺寸数字

线性尺寸数字一般应注写在尺寸线的上方或左方，也允许注写在尺寸线的中断处。注写线性尺寸数字时，如尺寸线为水平方向，尺寸数字规定由左向右书写，字头朝上；如尺寸线为竖直方向，尺寸数字规定由下向上书写，字头朝左；在倾斜的尺寸线上注写尺寸数字时，必须使字头方向有向上的趋势。线性尺寸、角度尺寸、圆及圆弧尺寸、小尺寸等的注法见表1-5。

表1-5　　　　　　　　　　　　　　　尺寸注法示例

内容	图例及说明
线性尺寸 数字方向	当尺寸线在图示30°范围内(红色)时，可采用右边几种形式标注，同一张图样中标注形式要统一
线性尺寸 注法	第一种方法　　第二种方法　　必要时尺寸界线与尺寸线允许倾斜 优先采用第一种方法，同一张图样中标注形式要统一

— 12 —

内容	图例及说明
圆及圆弧尺寸注法	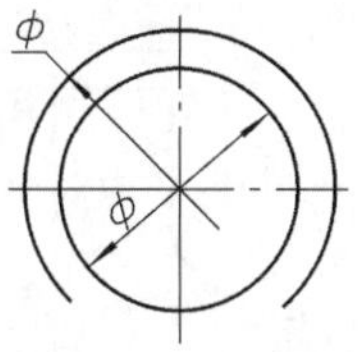 圆的直径数字前面加注"φ"。当尺寸线的一端无法画出箭头时，尺寸线要超过圆心一段 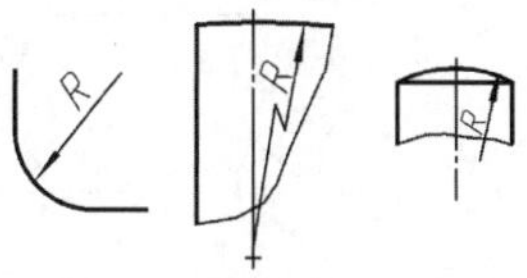　　圆弧半径数字前面加注"R"。半径尺寸线一般应通过圆心
小尺寸注法	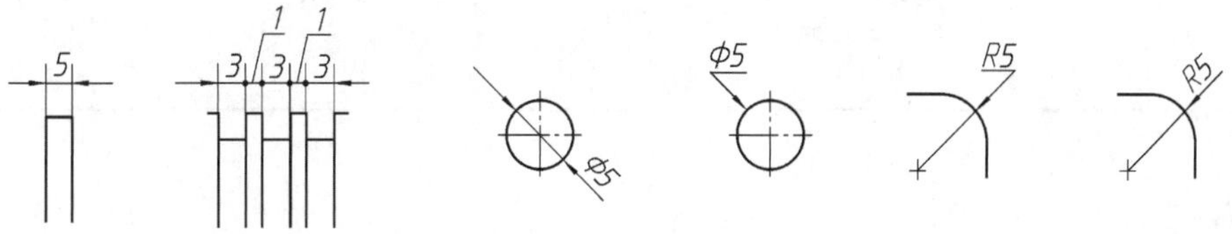 当无足够位置标注小尺寸时，箭头可外移或用小圆点代替两个箭头，尺寸数字也可注写在尺寸界线外或引出标注
避免图线通过尺寸数字	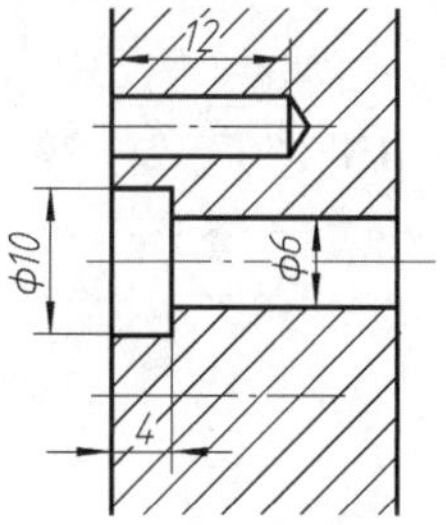 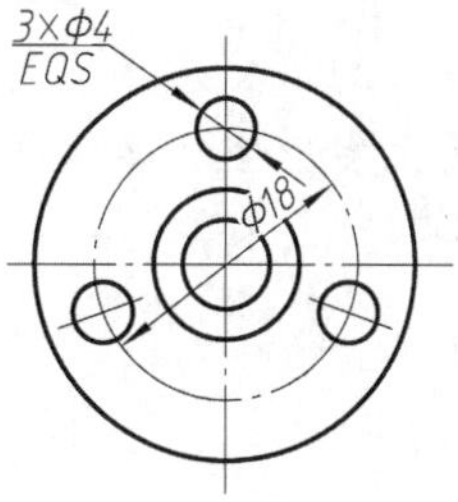 当尺寸数字无法避免被图线通过时，图线必须断开。图中"3×φ4 EQS"表示3个φ4孔均布
角度和弧长尺寸注法	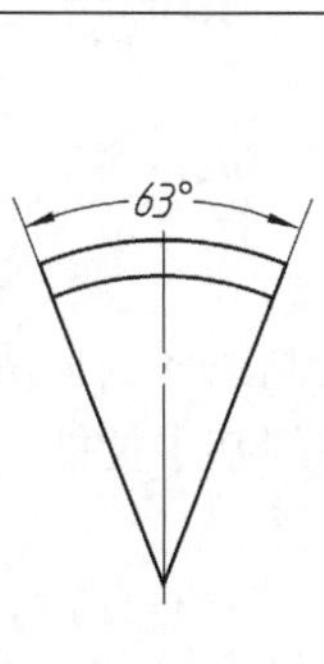 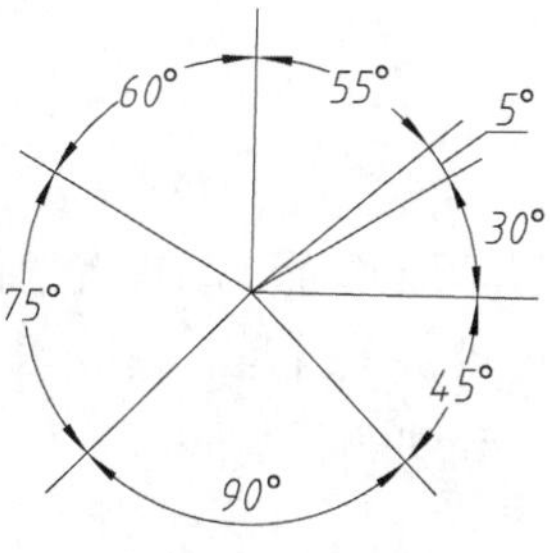 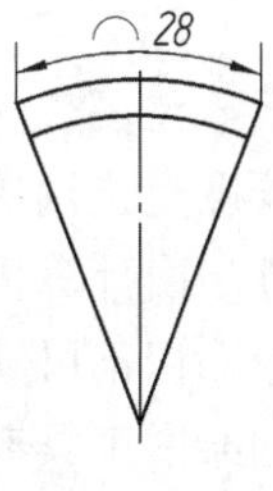 角度的尺寸界线应沿径向引出，尺寸线画成圆弧，其圆心是该角的顶点。角度的尺寸数字一律水平书写，一般注写在尺寸线的中断处，必要时也可注写在尺寸线的上方、外侧或引出标注　　弧长的尺寸线是该圆弧的同心圆弧，尺寸界线平行于对应弦长的垂直平分线。"⌒ 28"表示弧长28

内容	图例及说明
对称机件 的尺寸 注法	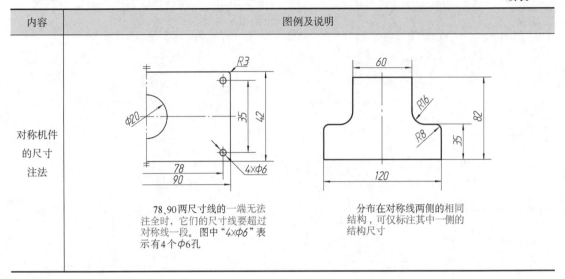 78、90两尺寸线的一端无法 注全时，它们的尺寸线要超过 对称线一段。图中"4×φ6"表 示有4个φ6孔 分布在对称线两侧的相同 结构，可仅标注其中一侧的 结构尺寸

知识链接

尺寸注法的依据是国家标准《机械制图　尺寸注法》（GB/T 4458.4—2003）和《技术制图　简化表示法　第 2 部分：尺寸注法》（GB/T 16675.2—2012）。

§1-3　尺规绘图

一、尺规绘图工具及其使用

尺规绘图是指用铅笔、丁字尺、三角板、圆规等绘图工具绘制图样的方法。虽然目前技术图样已逐步由计算机绘制，但尺规绘图既是工程技术人员必备的基本技能，又是学习和巩固图学理论知识不可缺少的方法，必须熟练掌握。

常用的绘图工具有以下几种：

1. 图板和丁字尺

画图时，先将图纸用胶带纸固定在图板上，丁字尺头部要靠紧图板左边，画线时铅笔在垂直于图面的平面内并向运笔方向倾斜 45° ~ 60°（图 1-11）。丁字尺上下移动到画线位置，自左向右画水平线（图 1-12）。

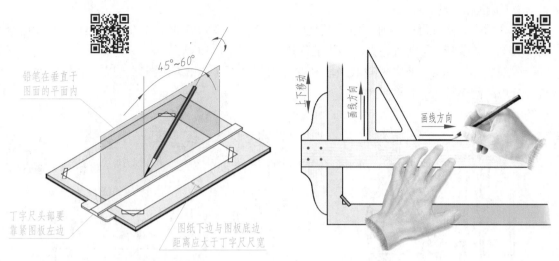

铅笔在垂直于
图面的平面内

45°~60°

丁字尺头部要
靠紧图板左边

图纸下边与图板底边
距离应大于丁字尺尺宽

图 1-11　图板、丁字尺及铅笔的使用

上下移动

画线方向

画线方向

图 1-12　丁字尺和三角板

2. 三角板

一副三角板由 45° 和 30°（60°）两块直角三角板组成。三角板与丁字尺配合使用可画垂直线（图 1-12），还可画出与水平线成 30°、45°、60° 及 15° 的任意整倍数倾斜线，如图 1-13 所示。

两块三角板配合使用，可画任意已知直线的垂直线或平行线，如图 1-14 所示。

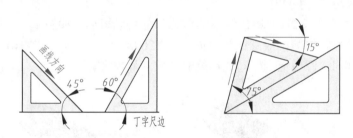

画线方向

45°　60°

丁字尺边

15°

75°

图 1-13　用三角板画常用角度斜线

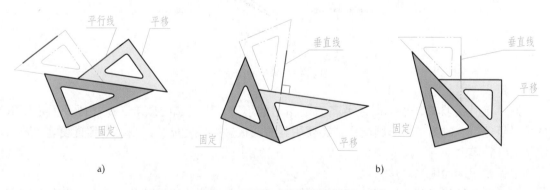

平行线　平移

固定

a）

垂直线

固定　平移

b）

垂直线

平移

固定

图 1-14　两块三角板配合使用
a）作平行线　b）作垂直线

3. 圆规和分规

圆规用来画圆和圆弧。画圆时，圆规的钢针应使用有台阶的一端（避免图纸上的针孔不断扩大），并使笔尖与纸面垂直。圆规的使用方法如图 1-15 所示。

分规（图 1-16a）是用来截取线段和等分直线（图 1-16b）或圆周，以及量取尺寸的工具。分规的两个针尖并拢时应对齐。

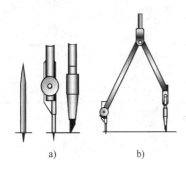

图 1-15　圆规的使用方法

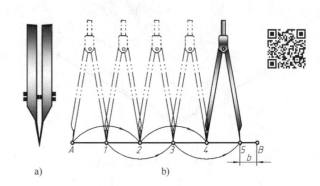

图 1-16　分规的使用方法

4. 铅笔

绘图铅笔用"B"和"H"代表铅芯的软硬程度。"B"表示软性铅笔，"B"前面的数字越大，表示铅芯越软（黑）；"H"表示硬性铅笔，"H"前面的数字越大，表示铅芯越硬（淡）。"HB"表示铅芯硬度适中。

通常画粗实线用 B 或 2B 铅笔，铅笔的铅芯部分削成矩形，如图 1-17a 所示；画细实线用 H 或 2H 铅笔，并将铅笔削成圆锥状，如图 1-17b 所示；写字铅笔选 HB 或 H。值得注意的是，画圆或圆弧时，圆规上的铅芯比铅笔铅芯软一号为宜。

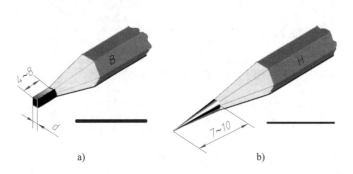

图 1-17　铅笔的削法

除了上述工具外，绘图时还要备有削铅笔的小刀、磨铅芯的砂纸、橡皮以及固定图纸的胶带纸等。有时为了画非圆曲线，还要用到曲线板。如果要描图，则要用到直线笔（鸭嘴笔）或针管笔。

二、常见平面图形画法

机件的轮廓形状基本上都是由直线、圆弧和一些其他曲线组成的几何图形，绘制几何图形称为几何作图。

1. 常见几何图形的作图方法（表1-6）

表1-6　　　　　　　　　　　常见几何图形的作图方法

种类	图示作图方法	说明
圆周四、八等分	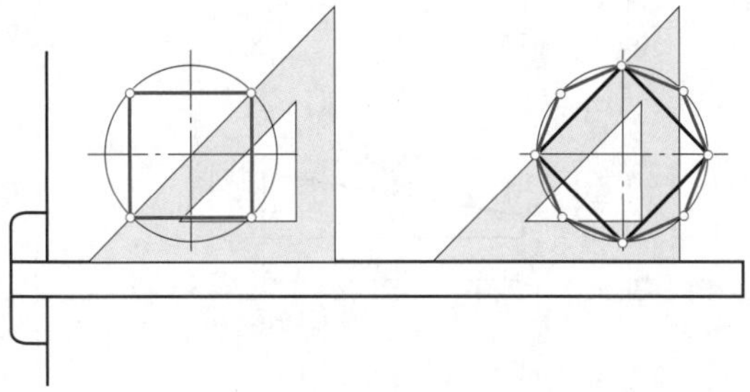	用45°三角板与丁字尺配合或与另一块三角板配合作图，可直接分圆周为四、八等份，连接各等分点即可得到正四边形和正八边形
圆周三、六等分	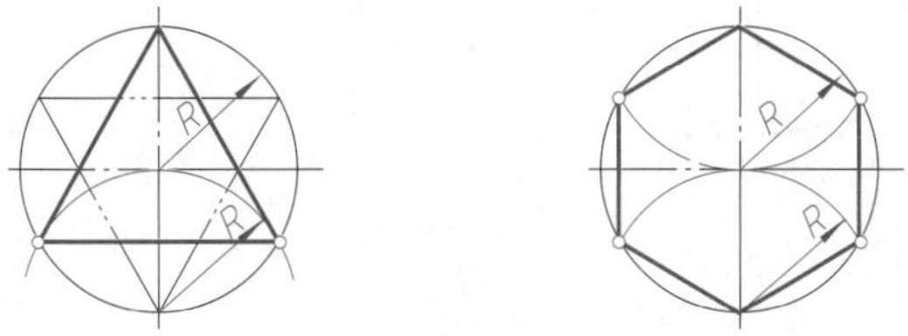	用圆规分圆周为三、六等份，连接各等分点，即可作出正三角形和正六边形
		分别用30°、60°三角板与丁字尺配合作图，可作出不同位置的正三角形或正六边形
圆周五等分	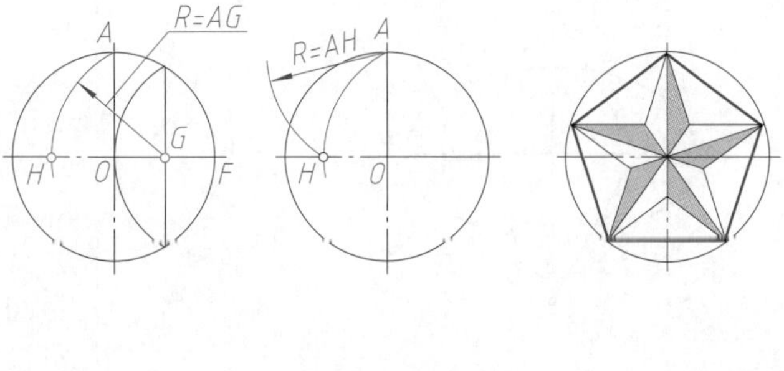	（1）作半径 OF 的中点 G （2）以 G 为圆心，AG 为半径画弧，与水平直径线交于点 H （3）以 AH 为半径，分圆周为五等份，顺次连接各等分点即可得到正五边形（或五角星）

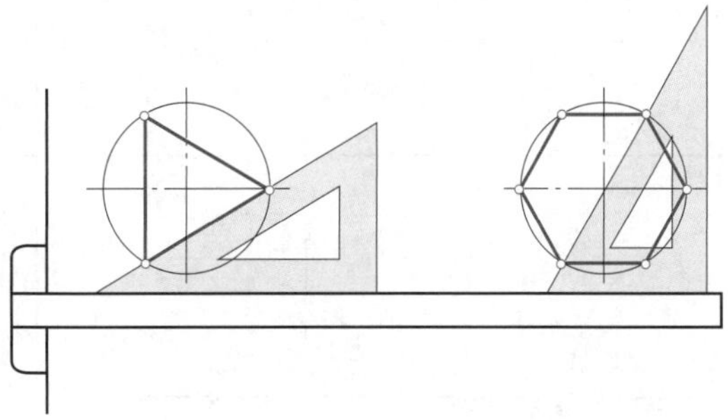

种类	图示作图方法	说明
斜度	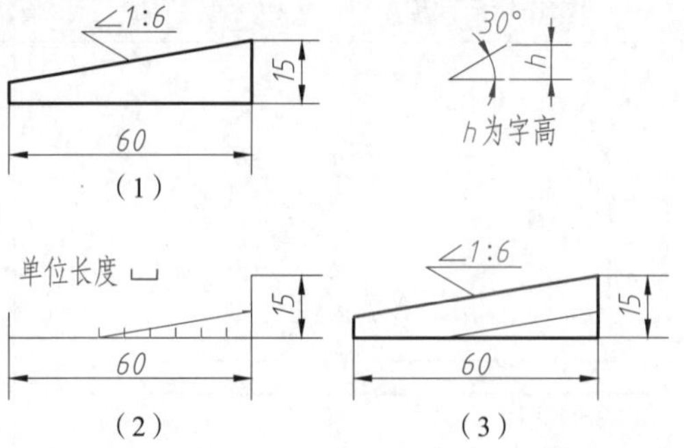	（1）给定图形 （2）作斜度1:6的辅助线 （3）过指定点作辅助线的平行线，完成作图并标注尺寸 注：右上角图为斜度符号
锥度	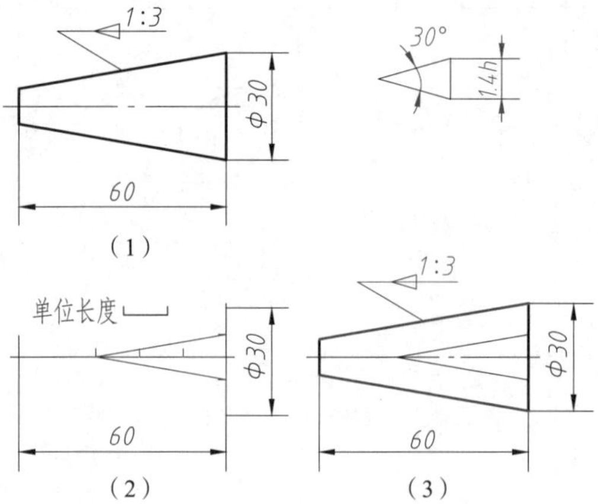	（1）给定图形 （2）作锥度1:3的辅助线 （3）过指定点作辅助线的平行线，完成作图并标注尺寸 注：右上角图为锥度符号
椭圆	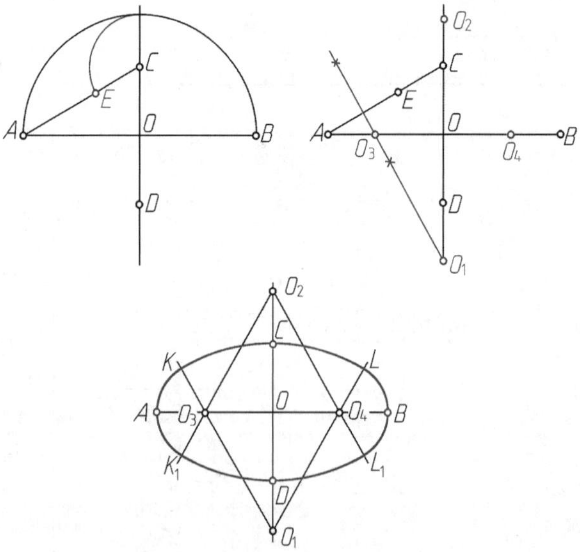	（1）画出长轴 AB、短轴 CD，连接 AC，以 C 为圆心，长半轴与短半轴之差为半径画弧，交 AC 于 E 点 （2）作 AE 中垂线分别与长轴、短轴交于 O_3、O_1 点，并作出其对称点 O_4、O_2 （3）分别以 O_1、O_2 为圆心，O_1C 为半径画大弧，以 O_3、O_4 为圆心，O_3A 为半径画小弧（大、小弧的切点 K 在相应的连心线上），即得椭圆

2. 圆弧连接

用一段圆弧光滑地连接另外两条已知线段（直线或圆弧）的作图方法称为圆弧连接。要保证圆弧连接光滑，就必须使线段与线段在连接处相切，作图时应先求作连接圆弧的圆心及确定连接圆弧与已知线段的切点。圆弧连接作图方法见表1–7。

表 1–7　　　　　　　　　　　　　　　圆弧连接作图方法

种类	已知条件	作图方法		
		求连接圆弧圆心	求切点	画连接弧
圆弧连接两已知直线				
圆弧内连接已知直线和圆弧				
圆弧外连接两已知圆弧				
圆弧内连接两已知圆弧				
圆弧分别内、外连接两已知圆弧				

三、平面图形的分析与作图

平面图形是由若干直线和曲线封闭连接组合而成的。画平面图形时，要通过对这些直线或曲线的尺寸及连接关系的分析，才能确定平面图形的作图步骤。

下面以图 1–18 所示手柄为例说明平面图形的分析方法和作图步骤。

1. 尺寸分析

平面图形中所注尺寸按其作用可分为以下两类：

（1）定形尺寸　指确定形状大小的尺寸，如图 1–18 中的 $\phi20$、$\phi5$、15、$R15$、$R50$、$R10$、$\phi32$ 等尺寸。

（2）定位尺寸　指确定各组成部分之间相对位置的尺寸，如图 1–18 中的 8 是确定 $\phi5$ 小孔位置的定位尺寸。有的尺寸既有定形尺寸的作用，又有定位尺寸的作用，如图 1–18 中的 75。

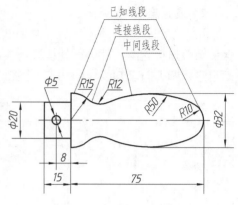

图 1–18　手柄的线段分析

2. 线段分析

平面图形中的各线段，有的尺寸齐全，可以根据其定形、定位尺寸直接作图画出；有的尺寸不齐全，必须根据其连接关系用几何作图的方法画出。按尺寸是否齐全，线段分为以下三类：

（1）已知线段　指定形、定位尺寸均齐全的线段，如手柄的 $\phi5$、$R10$、$R15$ 等。

（2）中间线段　指只有定形尺寸和一个定位尺寸，而缺少另一定位尺寸的线段。这类线段要在其相邻一端的线段画出后，再根据连接关系（如相切）用几何作图的方法画出，如手柄的 $R50$。

（3）连接线段　指只有定形尺寸而缺少定位尺寸的线段，如手柄的 $R12$。

图 1–19 所示为手柄的作图步骤。

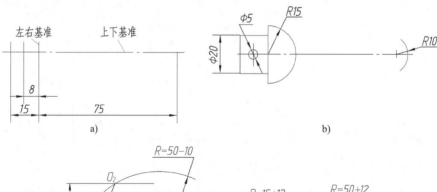

a)　　　　　　　　　　　　　　　　　　　b)

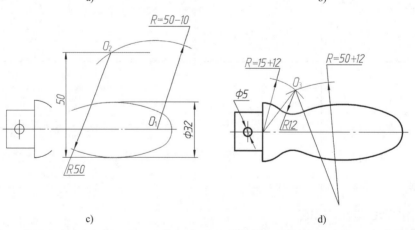

c)　　　　　　　　　　　　　　　　　　　d)

图 1–19　手柄的作图步骤

a）画基准线　b）画已知线段　c）画中间线段（求出圆心、切点）　d）画连接线段（求出圆心、切点）并描深

四、尺规作图流程

1. 准备工作

作图前应准备好必要的绘图工具和仪器。按要求选择幅面合适的图纸，根据所画图形形状确定图纸方向，并将其固定在图板的适当位置，以确保绘图质量及绘图时丁字尺、三角板移动自如。

2. 布置图形

绘制边框和标题栏。根据所画图形大小合理布图，以尽可能使图形居中、匀称，并兼顾标注尺寸的位置，确定图形的基准线（一般选择对称线、中心线、轴线、较长直线段）。

3. 分析图形

根据给定图形及尺寸进行分析，明确基准线和已知线段（可以先画）、中间线段（其次画）、连接线段（最后画）。

4. 画底稿

宜采用较硬的 H 或 2H 铅笔轻轻绘制底稿。其绘图的一般步骤如下：先画中心线等基准线，再画主要轮廓线，然后画其他局部轮廓线。

5. 描深

认真检查底稿线准确无误后，用 HB 或 B 铅笔描深粗实线，圆规铅芯用 B 或 2B 为宜。描深粗实线应遵循的顺序原则如下：先描深圆和圆弧，后描深直线；先描深小圆和圆弧，后描深大圆和圆弧；先描深水平线，后描深垂直线和斜线；由左至右。

6. 标注尺寸和填写标题栏

用 H 或 HB 铅笔，按国家标准有关规定标注尺寸和填写标题栏。

课堂实训

按尺规作图流程，选用 A4 图纸，并用 1 : 1 比例绘制手柄平面图，如图 1-20 所示。

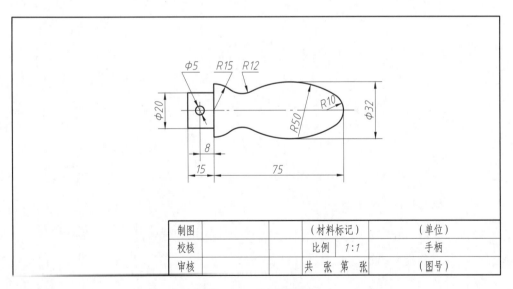

制图		（材料标记）		（单位）
校核		比例	1:1	手柄
审核		共 张 第 张		（图号）

图 1-20 手柄平面图

21

 知识链接

　　20世纪50年代，世界上第一台平板式自动绘图机诞生。20世纪70年代后期，伴随微型计算机的产生，计算机绘图进入了高速发展和广泛普及的时期。如今，计算机辅助设计（CAD）技术推动了几乎所有领域的设计革命，CAD技术从根本上改变了手工绘图、按图组织生产的管理方式，并逐步实现了计算机辅助设计、计算机辅助工艺设计、计算机辅助制造及计算机辅助管理一体化的系统解决方案。但计算机绘图的普及并不意味着可以完全替代传统的手工绘图，手工绘图在设计与生产中的灵活性、基础性和实用性仍具有现实意义。

第 2 章

正投影作图基础

本章提要

　　正投影法能准确表达物体的形状，度量性好，作图方便，在工程上得到广泛应用。机械图样主要是用正投影法绘制的。本章重点讨论正投影图的投影规律和作图方法，并通过立体表面上点、直线和平面的投影分析，初步培养空间思维和想象能力，为学好本课程打下扎实的基础。

§2-1　投影法与三视图

　　物体在光线照射下，在地面或墙面上会产生影子，人们对这种自然现象加以抽象研究，总结其中规律，创造了投影法。

一、投影法

1. 中心投影法

投射线汇交一点的投影方法称为中心投影法。

　　如图 2-1 所示，设 S 为投射中心，SA、SB、SC 为投射线，平面 P 为投影面。延长 SA、SB、SC 与投影面 P 相交，交点 a、b、c 即为三角形顶点 A、B、C 在 P 面上的投影。日常生活中的照相、放映电影都是中心投影的实例。透视图就是用中心投影原理绘制的，它与人的视觉习惯相符，能体现近大远小的效果，形象逼真，具有强烈的立体感，广泛用于绘制建筑、机械产品等效果图。

2. 平行投影法

　　投射线互相平行的投影方法称为平行投影法。按投射线与投影面倾斜或垂直的关系，平行投影法分为斜投影法和正投影法两种。

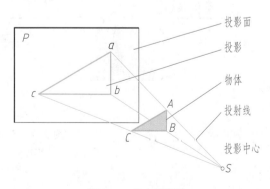

图 2-1　中心投影法

（1）斜投影法　指投射线与投影面倾斜的平行投影法，如图 2-2a 所示。斜二轴测图就是采用斜投影法绘制的。

（2）正投影法　指投射线与投影面垂直的平行投影法，如图 2-2b 所示。

根据正投影法所得到的图形称为正投影图或正投影，简称投影。

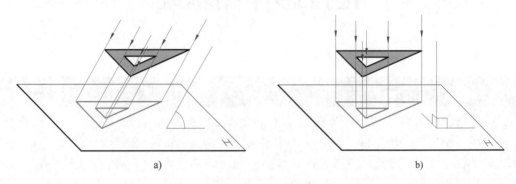

图 2-2　平行投影法

a）斜投影法　b）正投影法

3. 正投影法的基本特性

（1）实形性　物体上平行于投影面的平面 P，其投影反映实形；平行于投影面的直线段 AB 的投影 ab 反映实长（$ab=AB$），如图 2-3a 所示。

（2）积聚性　物体上垂直于投影面的平面 Q，其投影 q 积聚成一条直线；垂直于投影面的直线段 CD 的投影积聚成一点 c（d），如图 2-3b 所示。

（3）类似性　物体上倾斜于投影面的平面 R，其投影 r 是原图形的类似形（类似形是指两图形相应线段间保持定比关系，即边数、平行关系、凹凸关系不变）；倾斜于投影面的直线段 EF 的投影 ef 比实长短（$ef<EF$），如图 2-3c 所示。

可见，按正投影法所得到的正投影能准确反映物体的形状和大小，度量性好，作图简单。因此，工程图样主要采用正投影法绘制。

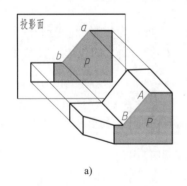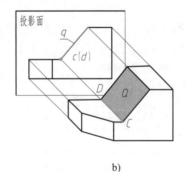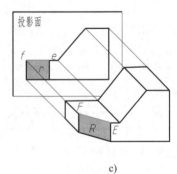

a）　　　　　　　　　　b）　　　　　　　　　　c）

图 2-3　正投影法的基本特性

a）实形性　b）积聚性　c）类似性

二、三视图的形成及其投影规律

1. 三投影面体系的建立

用正投影法在正投影面上所得到的一个投影图，只能反映物体一个方向的形状，不能完整反映物体的形状。如图 2-4 所示，四个物体形状不同，但其在同一投影面上的投影却相同。因此，要表示物体完整的形状，就要增加不同方向的投影图。通常情况下，将物体放置在三投影面体系中，从三个方向同时进行投射，得到三个投影图，由三个方向共同反映物体的形状和大小。

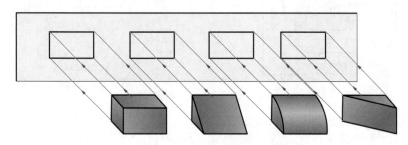

图 2-4 一个视图不能确定物体的形状

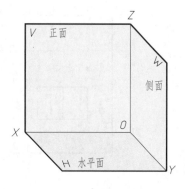

图 2-5 三投影面体系

三投影面体系由三个相互垂直的投影面所组成，如图 2-5 所示。三个投影面分别是正立位置的投影面，称为正立投影面，简称正面，用 V 表示；水平位置的投影面，称为水平投影面，简称水平面，用 H 表示；侧立位置的投影面，称为侧立投影面，简称侧面，用 W 表示。

相互垂直的投影面之间形成的交线称为投影轴，它们分别是 OX 轴（简称 X 轴），它是 V 面与 H 面的交线，表示长度方向；OY 轴（简称 Y 轴），它是 H 面与 W 面的交线，表示宽度方向；OZ 轴（简称 Z 轴），它是 V 面与 W 面的交线，表示高度方向。

三根投影轴相互垂直，其交点称为原点，用 "O" 表示。

2. 三视图的形成

将物体放置在三投影面体系中，按正投影法向各投影面投射，即可分别得到物体的正面投影、水平投影和侧面投影，如图 2-6a 所示。

物体在投影面上的正投影图也称为视图，物体在三投影面体系中形成的视图简称三视图，其名称如下：

主视图——由前向后投射，物体在正面上所得的视图。

俯视图——由上向下投射，物体在水平面上所得的视图。

左视图——由左向右投射，物体在侧立面上所得的视图。

为便于读图和画图，必须将三个投影面展开到一个平面上。如图 2-6b 所示，规定正面不动，将水平面绕 OX 轴向下旋转 90°，将侧面绕 OZ 轴向右旋转 90°，使它们与正面处于同一平面上。如图 2-6c 所示，将水平面和侧面沿 OY 轴分开，随水平面旋转的 OY 轴用 OY_H 表示，随侧面旋转的 OY 轴用 OY_W 表示。由于画三视图时不必画出投影面的边框和投影轴，所以去掉边框和投影轴即得到如图 2-6d 所示的三视图。

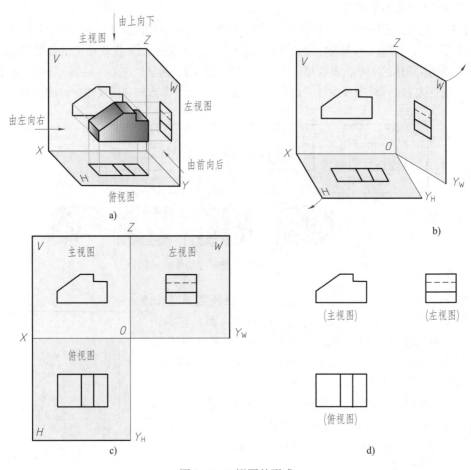

图 2-6 三视图的形成

3. 三视图之间的对应关系

（1）视图位置关系 从三视图的形成过程中可以看出，三视图的位置关系是：以主视图为基准，俯视图在主视图的正下方，左视图在主视图的正右方。画图时，按此配置的三视图，不需标注其名称。

（2）投影对应关系 如图 2-7a 所示，物体有长、宽、高三个方向的尺寸。通常规定：物体左右之间的距离为长，前后之间的距离为宽，上下之间的距离为高。从图 2-7b 可以看出，一个视图只能反映物体两个方向的大小。如主视图反映垫块的长和高，俯视图反映垫块的长和宽，左视图反映垫块的宽和高。由三视图的形成过程可知，俯视图在主视图的下方，对应的长度相等，且左右两端对正，即主、俯视图对应部分的连线为互相平行的竖直线。同理，左视图与主视图高度相等且对齐，即主、左视图对应部分在同一条水平线上。左视图与俯视图均反映垫块的宽度，所以俯、左视图对应部分的宽度应相等，如图 2-7c 所示。

上述三视图之间的投影对应关系即为尺寸对应关系，归纳三视图的投影规律（三等规律）为：主、俯视图长对正，主、左视图高平齐，俯、左视图宽相等。

— 26 —

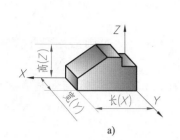
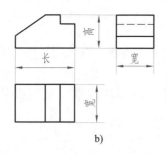
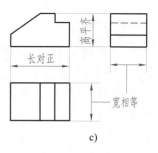

a)   b)   c)

图 2-7　三视图的投影（尺寸）对应关系

"长对正、高平齐、宽相等"的投影对应关系是三视图的重要特性，也是画图与读图的依据。

（3）方位对应关系　如图 2-8a 所示，物体有上、下、左、右、前、后六个方位，在其三视图（图 2-8b）中可以看出：

主视图反映物体的上、下和左、右的相对位置关系。

俯视图反映物体的前、后和左、右的相对位置关系。

左视图反映物体的前、后和上、下的相对位置关系。

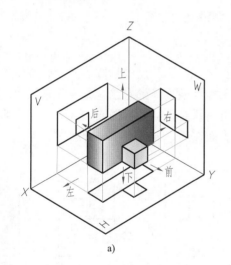

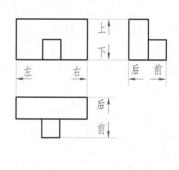

a)   b)

图 2-8　三视图的方位关系

提示　　以主视图为中心，俯视图和左视图中远离主视图的一侧反映物体的前面，靠近主视图的一侧反映物体的后面。

例 2-1　根据长方体（缺角）的立体图和主、俯视图（图 2-9a），补画左视图，并分析长方体表面间的相对位置。

分析

应用三视图的投影和方位的对应关系补画左视图，并分析及判断长方体表面间的相对

— 27 —

位置。

作图

（1）按长方体的主、左视图高平齐，俯、左视图宽相等的投影关系，补画长方体的左视图（图2-9b）。

（2）用同样方法补画长方体缺角的左视图，此时必须注意前、后位置的对应关系（图2-9c）。

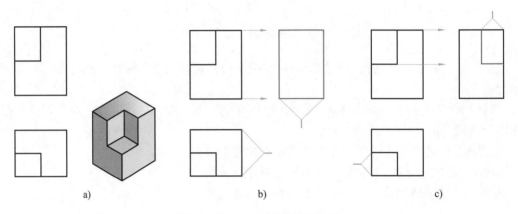

图 2-9 由主、俯视图补画左视图

思考

在分析长方体表面间的相对位置时应注意：主视图不能反映物体的前、后方位关系；俯视图不能反映物体的上、下方位关系；左视图不能反映物体的左、右方位关系。因此，如果用主视图判断长方体前、后两个表面的相对位置时，必须从俯视图或左视图上找到前、后两个表面的位置，才能确定哪个表面在前，哪个表面在后，如图2-10a所示。

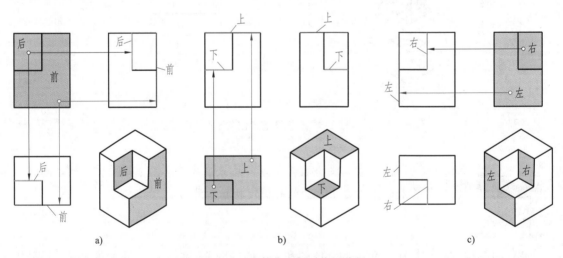

图 2-10 立体表面相对位置分析

用同样方法在俯视图上判断长方体上、下两个表面的相对位置，在左视图上判断长方体左、右两个表面的相对位置，如图2-10b、c所示。

— 28 —

例 2-2　根据图 2-11a 所示弯板立体图，绘制其三视图。

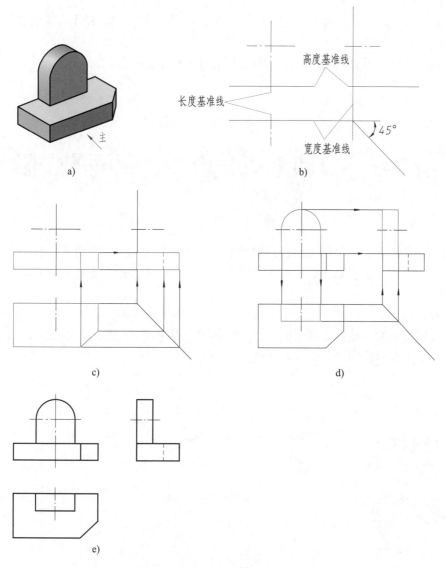

图 2-11　弯板三视图的作图步骤
a）立体图　b）画基准线　c）画底板　d）画竖板　e）描深，完成三视图

分析

弯板由带切角的底板与半圆柱拱形竖板两部分组合而成。画三视图时，考虑到三视图的布局，应先画出各视图基准线（物体的对称线、中心线及较大平面的基准线等，由于每个视图都能反映物体两个方向的尺寸，因此，每个物体的长、宽、高三个方向都要有基准，即画图或度量尺寸的起点）；然后从反映物体形状特征的视图画起，如立体图中箭头指示方向；再按投影关系逐步画出各部分的三视图。

作图

（1）画弯板的对称中心线、底面基准线（图 2-11b）。

（2）画底板的三视图，应先画反映底板形状特征（切角）的俯视图，再按投影关系补画主视图、左视图（图2-11c）。

（3）画反映竖板形状特征的主视图，然后再按投影关系补画其俯视图、左视图（图2-11d）。

（4）描深并擦去不必要的作图线，完成三视图（图2-11e）。

§2-2 立体上点、直线、平面的投影

任何平面立体的表面都包含点、直线和平面等基本几何元素，要完整、准确地绘制物体的三视图，就要进一步研究这些几何元素的投影特性和作图方法，这对今后画图和读图具有十分重要的意义。

一、点的投影

图2-12a所示的三棱锥由四个面、六条线和四个点组成。点是最基本的几何元素，点的投影仍是点。下面分析锥顶S的投影规律。

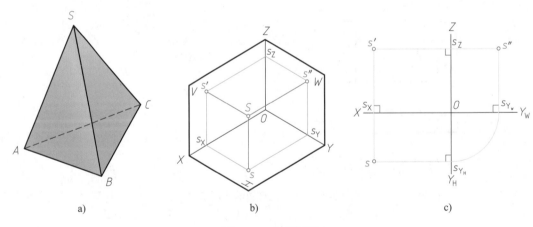

a)　　　　　　　　b)　　　　　　　　c)

图2-12　点的投影

1. 点的投影规律

图2-12b表示空间点S在三投影面体系中的投影。将点S分别向三个投影面投射，得到的投影分别为s（水平投影）、s'（正面投影）、s"（侧面投影）。通常空间点用大写字母表示，对应的投影用小写字母表示。投影面展开后得到图2-12c所示的投影图。由投影图可以看出点S的投影有以下规律：

（1）点S的V面投影和H面投影的连线垂直于OX轴，即 $s's \perp OX$。

（2）点S的V面投影和W面投影的连线垂直于OZ轴，即 $s's'' \perp OZ$。

（3）点 S 的 H 面投影到 OX 轴的距离等于其 W 面投影到 OZ 轴的距离，即 $ss_X = s''s_Z$。

由此可见，点的投影仍符合"长对正、高平齐、宽相等"的投影规律。

2. 点的坐标与投影关系

在三投影面体系中，点的位置可由点到三个投影面的距离来确定。如果将三个投影面作为三个坐标面，投影轴作为坐标轴，则点的投影和点的坐标关系如图 2-13 所示。

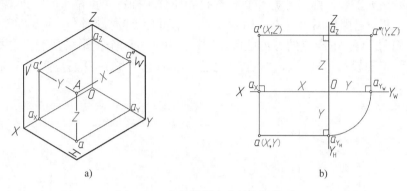

图 2-13　点的投影和点的坐标关系

点 A 到 W 面的距离 X_A 为：$Aa'' = a'a_Z = aa_Y = a_XO = X$ 坐标。

点 A 到 V 面的距离 Y_A 为：$Aa' = a''a_Z = aa_X = a_YO = Y$ 坐标。

点 A 到 H 面的距离 Z_A 为：$Aa = a''a_Y = a'a_X = a_ZO = Z$ 坐标。

空间点的位置可由该点的坐标（X，Y，Z）确定，A 点三投影的坐标分别为 a（X，Y）、a'（X，Z）、a''（Y，Z）。任一投影都包含了两个坐标，所以一个点的两个投影就包含了确定该点空间位置的三个坐标，即确定了点的空间位置。

换言之，若已知某点的两个投影，则可求出第三投影。

例 2-3　如图 2-14a 所示，已知点 A 的 V 面投影 a' 和 W 面投影 a''，求作 H 面投影 a。

分析

根据点的投影规律可知，$a'a \perp OX$，过 a' 作 OX 轴的垂线 $a'a_X$，所求 a 必在 $a'a_X$ 的延长线上。由 $aa_X = a''a_Z$，可确定 a 在 $a'a_X$ 延长线上的位置。

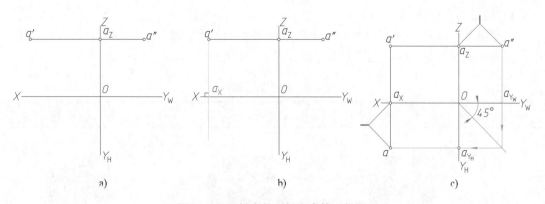

图 2-14　已知点的两投影求第三投影

作图

（1）过 a' 作 $a'a_X \perp OX$，并延长，如图 2-14b 所示。

（2）量取 $aa_X = a''a_Z$，可求得 a。也可如图 2-14c 所示，利用 45° 线作图。

3. 重影点与可见性

若空间两点在某一投影面上的投影重合，称为重影，如图 2-15 所示，点 B 和点 A 在 H 面上的投影 $b(a)$ 重影，称为重影点。根据投影原理可知：两点重影时，远离投影面的一点为可见点，另一点则为不可见点，通常规定在不可见点的投影符号外加圆括号表示，如图 2-15b 俯视图所示。重影点的可见性可通过该点的另外两个投影来判别，在图 2-15b 中，由 V 面投影和 W 面投影可知，点 B 在点 A 之上，由此可判断在 H 面投影中 b 为可见，a 为不可见。

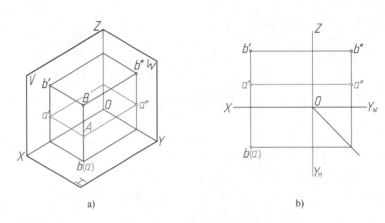

a)   b)

图 2-15 重影点的投影

思考

在图 2-15 中，AB 两点连线构成的直线段 AB 与 H 面呈什么关系？其三面投影如何？

二、直线的投影

根据空间直线与投影面的相对位置，可将其分为投影面平行线、投影面垂直线和一般位置直线三种。

1. 投影面平行线

只平行于一个投影面，与另外两个投影面倾斜的直线，称为投影面平行线，包括水平线、正平线、侧平线三种。投影面平行线的投影特性见表 2-1。

表 2-1   投影面平行线的投影特性

名称	水平线（AB//H）	正平线（BC//V）	侧平线（AC//W）
实例			

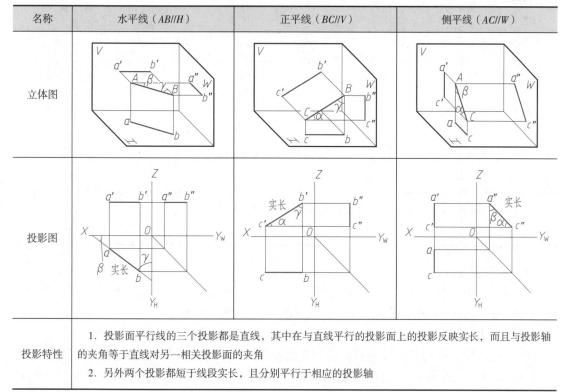

名称	水平线（AB//H）	正平线（BC//V）	侧平线（AC//W）
立体图			
投影图			
投影特性	1. 投影面平行线的三个投影都是直线，其中在与直线平行的投影面上的投影反映实长，而且与投影轴的夹角等于直线对另一相关投影面的夹角 2. 另外两个投影都短于线段实长，且分别平行于相应的投影轴		

直线与投影面所夹的角即直线对投影面的倾角。α、β、γ 分别表示直线对 H、V、W 面的倾角。

2. 投影面垂直线

垂直于一个投影面，与另外两个投影面平行的直线，称为投影面垂直线，包括铅垂线、正垂线、侧垂线三种。投影面垂直线的投影特性见表 2-2。

表 2-2   投影面垂直线的投影特性

名称	铅垂线（AB⊥H）	正垂线（AC⊥V）	侧垂线（AD⊥W）
实例			
立体图			

名称	铅垂线（$AB \perp H$）	正垂线（$AC \perp V$）	侧垂线（$AD \perp W$）
投影图	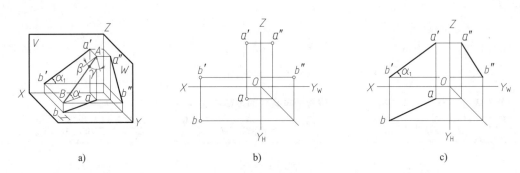		
投影特性	1. 投影面垂直线在所垂直的投影面上的投影积聚为一个点 2. 另外两个投影都反映线段实长，且分别平行于相应的投影轴		

3. 一般位置直线

既不平行也不垂直于任何一个投影面，即与三个投影面都处于倾斜位置的直线，称为一般位置直线，如图 2-16 所示直线 AB。一般位置直线的投影特性如下：

（1）三个投影均不反映实长。

（2）三个投影均对投影轴倾斜，且直线的投影与投影轴的夹角不反映空间直线对投影面的倾角。如图 2-16 所示，AB 的 V 面投影 $a'b'$ 与 OX 轴所夹的角 α_1 是倾角 α 在 V 面上的投影，由于角 α 的两条边不平行于 V 面，因此角 α_1 不等于角 α。同理，直线与其他投影面的倾角也是如此。

图 2-16 一般位置直线

a）立体图　b）两点的投影　c）直线的投影

例 2-4　分析正三棱锥各棱线和底边与投影面的相对位置（图 2-17）。

（1）棱线 SB　sb 与 $s'b'$ 分别平行于 OY_H 和 OZ，可确定 SB 为侧平线，侧面投影 $s''b''$ 反映实长，如图 2-17a 所示。

（2）底边 AC　侧面投影 $a''（c''）$ 重影，可判断 AC 为侧垂线，$a'c'=ac=AC$，如图 2-17b 所示。

（3）棱线 SA　三个投影 sa、$s'a'$、$s''a''$ 对投影轴均倾斜，所以必定是一般位置直线，如图 2-17c 所示。

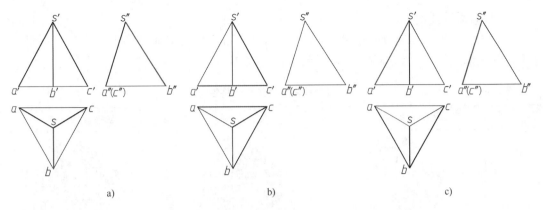

图 2-17　直线与投影面的相对位置

a）棱线 SB　b）底边 AC　c）棱线 SA

三、平面的投影

根据平面与投影面的相对位置，可将其分为投影面平行面、投影面垂直面和一般位置平面三种。

1. 投影面平行面

平行于一个投影面，垂直于另外两个投影面的平面称为投影面平行面，包括水平面、正平面、侧平面三种。投影面平行面的投影特性见表 2-3。

表 2-3　　　　　　　　　　投影面平行面的投影特性

名称	水平面（P//H）	正平面（Q//V）	侧平面（R//W）
实例			
立体图			
投影图			
投影特性	1. 在与平面平行的投影面上，该平面的投影反映实形 2. 在另外两个投影面的投影积聚为直线，且平行于相应投影轴		

— 35 —

2. 投影面垂直面

垂直于一个投影面而倾斜于另外两个投影面的平面称为投影面垂直面，包括铅垂面、正垂面、侧垂面三种。投影面垂直面的投影特性见表2-4。

表2-4   投影面垂直面的投影特性

名称	铅垂面（$P \perp H$）	正垂面（$Q \perp V$）	侧垂面（$R \perp W$）
实例			
立体图			
投影图			
投影特性	1. 在与平面垂直的投影面上，该平面的投影为一倾斜线段，具有积聚性，且反映与另外两个投影面的夹角 2. 其余两个投影都是缩小的类似形		

3. 一般位置平面

与三个投影面都倾斜的平面称为一般位置平面。

如图2-18所示，形体上的平面M对V、H、W三个投影面都倾斜，所以在图2-18b、c中三个投影面上的投影m、m'、m''均为原三角形平面M的类似形。

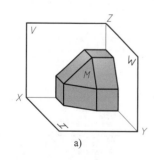

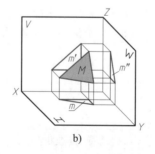

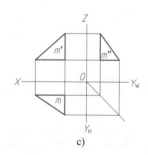

a)   b)   c)

图2-18 一般位置平面

例 2-5 分析正三棱锥各棱面和底面与投影面的相对位置（图 2-19）。

（1）底面 *ABC* *V* 面和 *W* 面投影积聚为水平线，分别平行于 *OX* 轴和 OY_W 轴，可确定底面 *ABC* 是水平面，水平投影反映实形，如图 2-19a 所示。

（2）棱面 *SAB* 三个投影 *sab*、*s'a'b'*、*s"a"b"* 都没有积聚性，均为棱面 *SAB* 的类似形，可判断棱面 *SAB* 是一般位置平面，如图 2-19b 所示。

（3）棱面 *SAC* 由 *W* 面投影中的重影点 *a"*（*c"*）可知，棱面 *SAC* 的一边 *AC* 是侧垂线。根据几何定理，一个平面上的任意一条直线垂直于另一个平面，则两平面互相垂直。因此，可确定棱面 *SAC* 是侧垂面，其 *W* 面投影积聚成一条直线，如图 2-19c 所示。

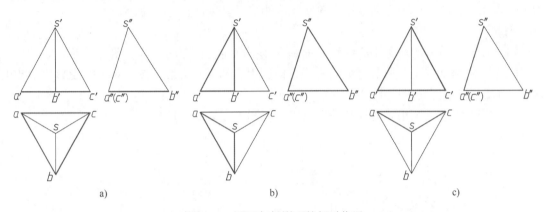

图 2-19 平面与投影面的相对位置

a）底面 *ABC* b）棱面 *SAB* c）棱面 *SAC*

§2-3 基本体的视图与尺寸标注

任何物体均可以看成是由若干基本体组合而成的。基本体包括平面体和曲面体两类。平面体的每个表面都是平面，如棱柱、棱锥等；曲面体至少有一个表面是曲面，如圆柱、圆锥、圆球等，如图 2-20 所示。

平面体　　　　　　　　曲面体

图 2-20 常见基本体

下面分别讨论几种常见基本体视图的画法及其尺寸标注。

一、棱柱

棱柱的棱线互相平行，常见的棱柱有三棱柱、四棱柱、五棱柱和六棱柱等。下面以图 2-21a 所示正六棱柱为例，分析其投影特征和作图方法。

分析

图 2-21 所示正六棱柱的两端面（顶面和底面）平行于水平面，前、后两个棱面平行于正面，其余棱面均垂直于水平面，为铅垂面。在这种位置下，正六棱柱的投影特征如下：顶面和底面的水平投影重合，并反映实形——正六边形；六个棱面的水平投影分别积聚为正六边形的六条边，另外两个方向投影外轮廓均为矩形，其内部包含若干小矩形。

作图

（1）作正六棱柱的对称中心线和底面基准线，确定各视图的位置（图 2-21b）。

（2）先画出反映主要形状特征的视图，即俯视图的正六边形。按长对正的投影关系及正六棱柱的高度画出主视图（图 2-21c）。

（3）按高平齐、宽相等的投影关系画出左视图（图 2-21d）。

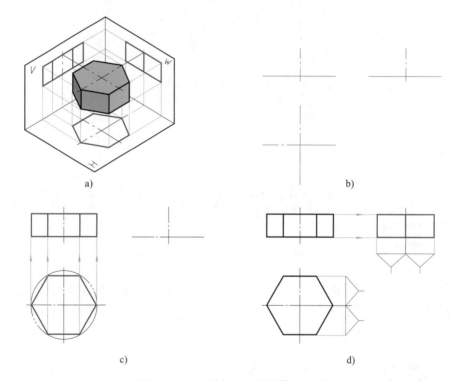

图 2-21　正六棱柱三视图的作图步骤

二、棱锥

棱锥的棱线交于一点，常见的棱锥有三棱锥、四棱锥和五棱锥等。下面以图 2-22a 所示四棱锥为例，分析其投影特征和作图方法。

分析

图 2-22 所示四棱锥的底面平行于水平面，其水平投影反映实形；左、右两个棱面是正

垂面，均垂直于正面，其正面投影积聚成直线，同时与 H、W 面倾斜，其投影为类似的三角形；前、后两个棱面为侧垂面，其侧面投影积聚成直线，同时与 V、H 面倾斜，其投影均为类似的三角形。与锥顶相交的四条棱线既不平行也不垂直于任意一个投影面，所以它们在三投影面上的投影均不反映实长。

作图

（1）作四棱锥的对称中心线和底面基准线（图 2-22b）。

（2）画底面的水平投影（矩形）和正面投影（水平线）。根据四棱锥的高度在主视图上定出锥顶的投影位置，然后在主、俯视图上分别将锥顶及底面各顶点的投影用直线连接，即得四条棱线的投影（图 2-22c）。

（3）按高平齐、宽相等的投影关系画出左视图（图 2-22d）。

由此可见，四棱锥的投影特征如下：与底面平行的水平投影反映底面实形——矩形，其内部包含四个三角形棱面的投影；另外两个投影均为三角形。

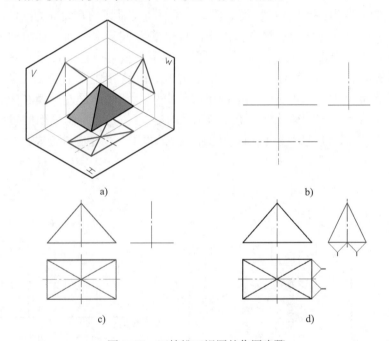

图 2-22 四棱锥三视图的作图步骤

例 2-6 已知物体的主、俯视图，补画左视图（图 2-23a）。

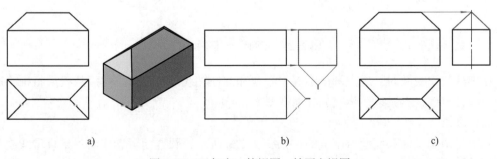

图 2-23 已知主、俯视图，补画左视图

— 39 —

分析

从已知物体的主、俯视图（参照立体图）可想象出该物体由两部分组成：下部为四棱柱，上部为被垂直于正面的平面左右各切去一角的三棱柱。三棱柱的棱线垂直于侧面，它的一个侧面与四棱柱的顶面重合。

作图

（1）如图 2-23b 所示，先补画出下部四棱柱的左视图。

（2）作三棱柱上面中间棱线的侧面投影。由于该棱线垂直于侧面，是侧垂线，其侧面投影积聚为一点（在图形中间），过该点与矩形两端点连线，即完成左视图（图 2-23c）。应该注意：左视图上的三角形为三棱柱左、右两个斜面（正垂面）在侧面上的投影；两条斜线为三棱柱前、后两个棱面（侧垂面）的积聚性投影。

三、圆柱

圆柱是由圆柱面与上、下两端面所围成的。圆柱面可看作由一条直母线绕与其平行的轴线回转而成，如图 2-24a 所示。圆柱面上任意一条平行于轴线的直线称为圆柱面的素线。

图 2-24c 所示为正圆柱的三视图。由于圆柱轴线垂直于水平面，且圆柱上、下端面为水平面，因此，圆柱上、下端面的水平投影反映实形且重合，正面投影和侧面投影积聚成直线。圆柱面的水平投影积聚为一圆，与两端面的水平投影重合。在正面投影中，前、后两半圆柱面的投影重合为一矩形，矩形的两条竖线分别是圆柱面最左、最右素线的投影，也是圆柱面前、后分界的转向轮廓线。在侧面投影中，左、右两半圆柱面的投影重合为一矩形，矩形的两条竖线分别是圆柱面最前、最后素线的投影，也是圆柱面左、右分界的转向轮廓线。

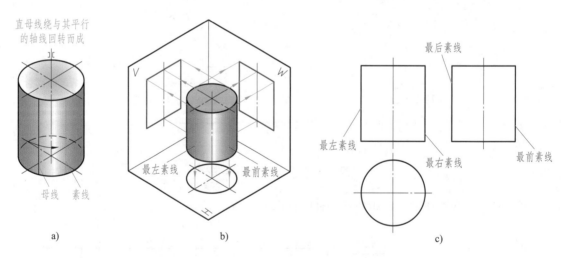

图 2-24　正圆柱及其三视图

作圆柱的三视图时，应先画出圆的中心线和圆柱轴线的各投影，然后从投影特征为圆的视图画起，再按投影关系逐步完成其他视图。

四、圆锥

圆锥是由圆锥面和底面所围成的。如图 2-25a 所示，圆锥面可看作由一条直母线绕与其相交的轴线回转而成。

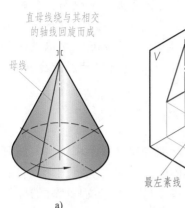

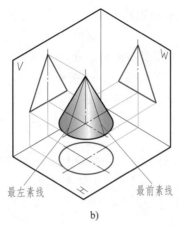

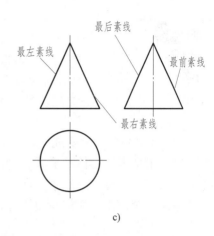

a)   b)   c)

图 2-25 正圆锥及其三视图

  图 2-25c 所示为轴线垂直于水平面的正圆锥的三视图。锥底平行于水平面，水平投影反映实形，正面投影和侧面投影积聚成直线。圆锥面的三个投影都没有积聚性，其水平投影与底面投影重合，全部可见；在正面投影中，前、后两半圆锥面的投影重合为一等腰三角形，三角形的两腰分别是圆锥最左、最右素线的投影，也是圆锥面前、后分界的转向轮廓线；在侧面投影中，左、右两半圆锥面的投影重合为一等腰三角形，三角形的两腰分别是圆锥最前、最后素线的投影，也是圆锥面左、右分界的转向轮廓线。

  作圆锥的三视图时，应先画圆的中心线和圆锥轴线的各投影，再从投影为圆的视图画起，按圆锥的高度确定锥顶，逐步画出其他视图。

  五、圆球

  圆球的表面可看作由一条圆母线绕其直径回转而成（图 2-26a）。

  从图 2-26c 中可以看出，球的三个视图都为等径圆，并且是球面上平行于相应投影面的三个不同位置的最大轮廓圆。正面投影的轮廓圆是前、后两半球面可见与不可见的分界线；水平投影的轮廓圆是上、下两半球面可见与不可见的分界线；侧面投影的轮廓圆是左、右两半球面可见与不可见的分界线。

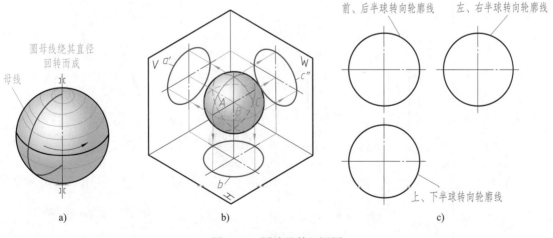

a)   b)   c)

图 2-26 圆球及其三视图

提 示　　　表达一个立体的形状和大小，不一定要画出三个视图，有时画一个或两个视图即可。当然，有时三个视图也不能完整表达物体的形状，则要画更多的视图。例如，表示上述圆柱、圆锥时，若只表达形状，不标注尺寸，则需用主、俯两个视图。若标注尺寸，上述圆柱、圆锥仅画一个非圆视图即可，圆球仅画一个视图即可。

六、基本体的尺寸标注

视图用来表达物体的形状，物体的大小则要由视图上所标注的尺寸数字来确定。任何物体都具有长、宽、高三个方向的尺寸。在视图上标注基本体的尺寸时，应将三个方向的尺寸标注齐全，既不能缺少也不允许重复。表 2-5 列举了一些常见基本体及其尺寸的标注方法。

从表 2-5 可以看出，在表达物体的一组三视图中，尺寸应尽量标注在反映基本体形状特征的视图上，而圆的直径一般标注在投影为非圆的视图上。需要说明的是，一个径向尺寸包含两个方向。

表 2-5　　　　　　　　　　　常见基本体及其尺寸的标注方法

基本体	三视图	基本体	三视图
三棱柱	左视图可省略	圆柱	俯视图、左视图均可省略
六棱柱	左视图可省略	圆锥	俯视图、左视图均可省略

基本体	三视图	基本体	三视图
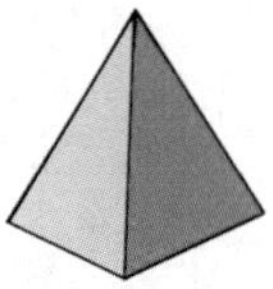 四棱锥	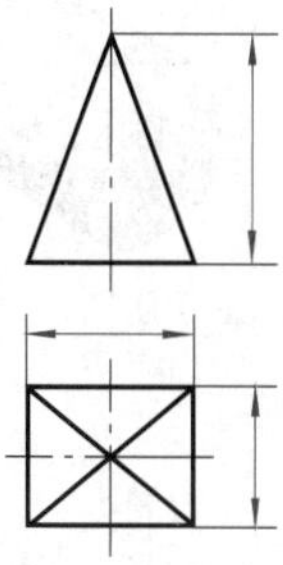 左视图可省略	 圆台	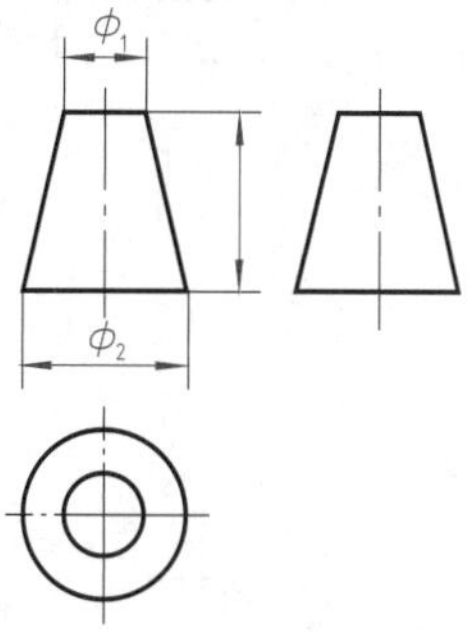 俯视图、左视图均可省略
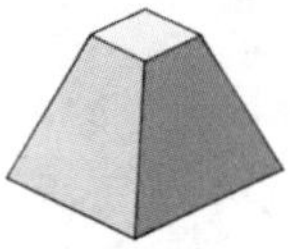 四棱台	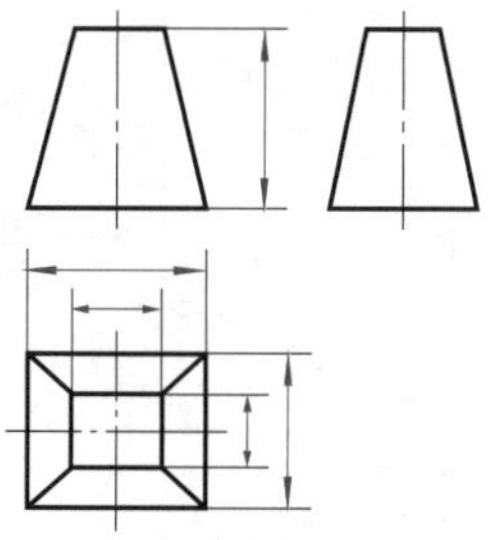 左视图可省略	 球	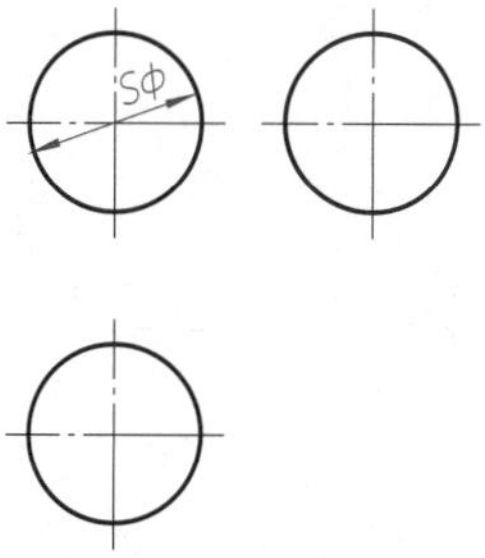 俯视图、左视图均可省略

思考

（1）比较棱柱和圆柱的三视图及其尺寸标注有什么异同点。

（2）表达半圆柱并标注尺寸需要几个视图？

例 2-7　根据图 2-27a 所示铆钉的主视图及尺寸，补画出其俯视图、左视图。

分析

由视图右端半圆形和尺寸 $SR9$ 可知，该部分是半球；由视图中间的矩形和相关尺寸 $\phi 12$、14（16-2）表明这部分是圆柱；由左端梯形及相关尺寸 $\phi 12$、$\phi 8$ 和 2 可知，其为圆台。即铆钉是由半球、圆柱和圆台三个基本体构成的，如图 2-27b 所示。

作图

（1）画出左视图中心线和俯视图中的轴线（图 2-27c）。

（2）根据投影关系，补画各部分基本体的俯视图和左视图（图 2-27d）。

思考

简单物体一定要用三个视图表达吗？何时可以省略一个或两个视图？试举例说明。

— 43 —

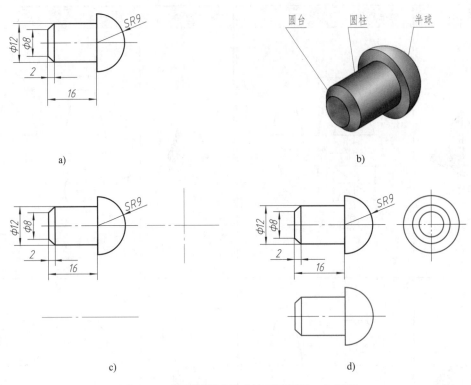

图 2-27 由主视图及尺寸补画俯视图、左视图

用平面切割立体，如图 2-28a、b 所示的压板和顶尖，平面与立体表面产生的交线称为截交线，该切割平面称为截平面，由截交线围成的平面图形称为截断面。

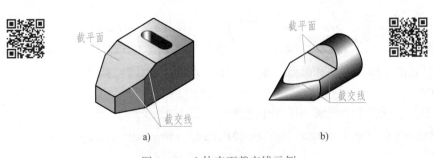

图 2-28 立体表面截交线示例
a）压板 b）顶尖

截交线的形状虽有多种,但均具有以下两个基本特征:

(1) 封闭性 截交线为封闭的平面图形。

(2) 共有性 截交线既在截平面上,又在立体表面上,是截平面与立体表面的共有线,截交线上的点均为截平面与立体表面的共有点。

因此,求作截交线就是求截平面与立体表面的共有点和共有线。

一、平面切割平面体

平面切割平面体所产生的截交线为平面多边形,多边形的各边为截平面与基本体表面的交线,多边形的顶点为截平面与基本体棱线的交点。画截交线的投影,关键是先找到这些交点,然后作其同面投影连线,即构成截平面的投影。

例 2-8 正六棱柱被切割,如图 2-29 所示,补画左视图。

分析

如图 2-29a 所示,正六棱柱被正垂面切割,截平面 P 与正六棱柱的六条棱线都相交,所以截交线是一个六边形。六边形的顶点为各棱线与截平面 P 的交点。截交线的正面投影积聚在 p' 上,$1'$、$2'$、$3'$、$4'$、$5'$、$6'$ 分别为各棱线与 p' 的交点。由于正六棱柱的六条棱线在俯视图上的投影具有积聚性,因此截交线的水平投影为已知。根据截交线的正面投影和水平投影可作出侧面投影,并且截交线的侧面投影为类似于水平投影的六边形。

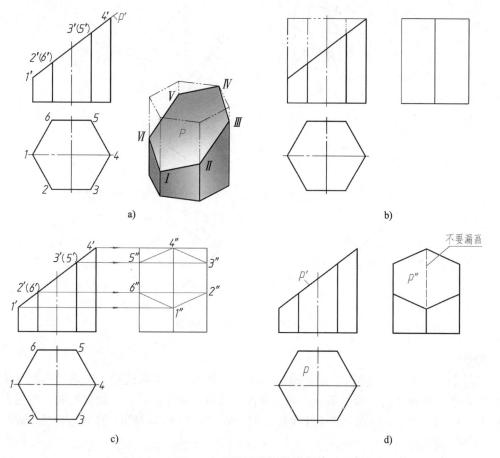

图 2-29 平面切割正六棱柱

— 45 —

（1）画出被切割前正六棱柱的左视图（图 2–29b）。

（2）根据截交线（六边形）各顶点的正面投影和水平投影作出截交线的侧面投影 1″、2″、3″、4″、5″、6″（图 2–29c）。

（3）顺次连接 1″、2″、3″、4″、5″、6″、1″，补画遗漏的细虚线（注意：正六棱柱上最右棱线的侧面投影为不可见，左视图上不要漏画这一段细虚线），擦去多余的作图线并描深。作图结果如图 2–29d 所示。

思考

类似地，如果正三棱柱被正垂面切割，三视图又如何？画一画，与正六棱柱比较有什么异同点。

例 2–9　图 2–30a 所示正四棱锥被正垂面 P 切割，完成其三视图。

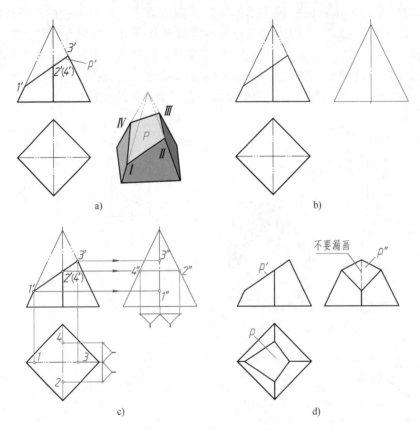

图 2–30　平面切割正四棱锥

分析

如图 2–30a 所示，正四棱锥被正垂面切割，截交线是一个四边形，四边形的顶点是四条棱线与截平面 P 的交点。由于正垂面的正面投影具有积聚性，因此，截交线的正面投影积聚在 p' 上，1′、2′、3′、4′ 分别为四条棱线与 p' 的交点，水平投影与侧面投影应为类似的四边形。

作图

（1）画出被切割前正四棱锥的左视图（图 2–30b）。

（2）根据截交线的正面投影作水平投影和侧面投影（图2-30c）。截交线的侧面投影可由正面投影按高平齐的投影关系作出。水平投影1、3可由正面投影按长对正的投影关系作出；水平投影2、4可由侧面投影2″、4″按俯、左视图宽相等的投影关系作出。

（3）在俯视图和左视图上顺次连接各交点的投影，擦去多余的作图线并描深。注意不要漏画左视图上的虚线（图2-30d）。

例2-10　图2-31a所示凹形棱柱被侧垂面P切割，求其切割后的三视图。

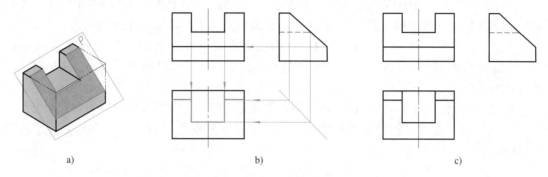

a)　　　　　　　　　　　　b)　　　　　　　　　　　　c)

图2-31　用侧垂面切割凹形棱柱的交线作图方法

分析

侧垂面P与凹形棱柱的7个侧面和前面相交，所得交线为八边形围成的凹形截断面。如图2-31b所示，平面P垂直于侧面，交线的侧面投影积聚在p″上，即凹形截断面的侧面投影为一条斜线；交线的正面投影中有7条与凹形棱柱7个侧面的积聚性投影重合，另一条为侧垂线（正面投影为水平线），即凹形截断面与正面投影为类似形；同理可知，其水平投影也是类似形。由正面投影和侧面投影可求作水平投影。

作图过程如图2-31b所示，其结果如图2-31c所示。值得注意的是，截断面的正面投影和水平投影均为八边凹形的类似形。

二、平面切割回转曲面体

1. 平面与圆柱相交

平面与圆柱轴线相对位置不同，可形成三种不同形状的截交线，即矩形、圆、椭圆（或椭圆加直线），见表2-6。

表2-6　　　　　　　　　　　　　　　　　平面切割圆柱

截平面与圆柱轴线平行，截交线为矩形	截平面与圆柱轴线倾斜，截交线为椭圆或椭圆弧加直线
（截平面与圆柱轴线垂直，截交线为圆）	

例 2-11 图 2-32a 所示为圆柱被正垂面斜切，已知主、俯视图，求作左视图。

分析

截平面 P 与圆柱轴线倾斜，截交线为椭圆。由于 P 面是正垂面，因此截交线的正面投影积聚在 p' 上；因为圆柱面的水平投影具有积聚性，所以截交线的水平投影积聚在圆周上。而截交线的侧面投影一般情况下仍为椭圆。

作图

（1）求特殊点　由图 2-32a 可知，最低点 A 和最高点 B 是椭圆长轴的两端点，也是位于圆柱最左、最右素线上的点。最前点 C 和最后点 D 是椭圆短轴的两端点，也是位于圆柱最前、最后素线上的点。A、B、C、D 的正面投影和水平投影可利用积聚性直接作出。然后由正面投影 a'、b'、c'、d' 和水平投影 a、b、c、d 作出侧面投影 a''、b''、c''、d''（图 2-32b）。

（2）求中间点　为了准确作图，还必须在特殊点之间作出适当数量的中间点，如 E、F、G、H 各点。可先作出它们的水平投影 e、f、g、h 和正面投影 e'（f'）、g'（h'），再作出侧面投影 e''、f''、g''、h''（图 2-32c）。

（3）依次光滑连接 a''、e''、c''、g''、b''、h''、d''、f''、a''，即为所求椭圆截交线的侧面投影，圆柱的轮廓线在 c''、d'' 处与椭圆相切。描深切割后的图形轮廓，如图 2-32d 所示。

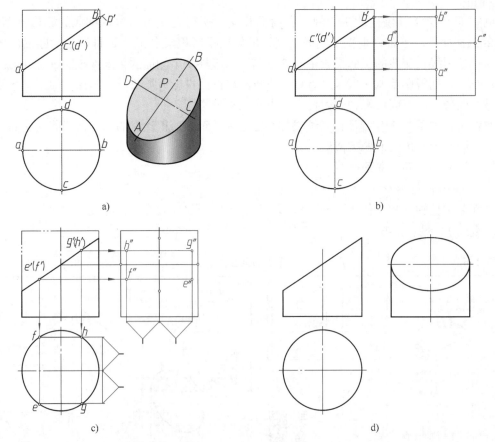

图 2-32　用正垂面斜切圆柱

思考

随着截平面与圆柱轴线倾角的变化，所得椭圆长轴的投影也相应变化（短轴投影不变）。当截平面与圆柱轴线成 45° 时（正垂面位置），截交线的空间形状仍为椭圆，请思考截交线的侧面投影是圆还是椭圆？为什么？

例 2-12　求作带切口圆柱的侧面投影（图 2-33a）。

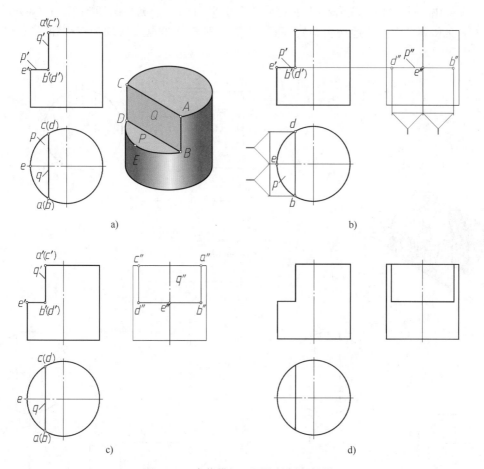

图 2-33　求作带切口圆柱的侧面投影

分析

圆柱切口由水平面 P 和侧平面 Q 切割而成。如图 2-33a 所示，由截平面 P 所产生的截交线是一段圆弧，其正面投影是一段水平线（积聚在 p' 上），水平投影是一段圆弧（积聚在圆柱的水平投影上）。截平面 P 与 Q 的交线是一条正垂线 BD，其正面投影积聚成点 b'（d'），水平投影 b 和 d 在圆周上。由截平面 Q 所产生的截交线是两段铅垂线 AB 和 CD（圆柱面上的两段素线）。它们的正面投影 $a'b'$ 与 $c'd'$ 积聚在 q' 上，水平投影分别为圆周上的两个点 a（b）、c（d）。Q 面与圆柱顶面的截交线是一条正垂线 AC，其正面投影 a'（c'）积聚成点，水平投影 ac、bd 重合。

作图

（1）由 p' 向右引投影连线，再从俯视图上量取宽度定出 b''、d''（图 2-33b）。

— 49 —

（2）由 b''、d'' 分别向上作竖线与顶面交于 a''、c''，即得由截平面 Q 所产生的截交线 AB、CD 的侧面投影 $a''b''$、$c''d''$（图 2-33c）。

（3）作图结果如图 2-33d 所示。

例 2-13　补全接头（图 2-34a）的三面投影。

分析

接头是由一个圆柱左端开槽（中间被两个正平面和一个侧平面切割）、右端切肩（上、下被水平面和侧平面对称地切去两块）而形成的，所产生的截交线均为直线和平行于侧面的圆弧。

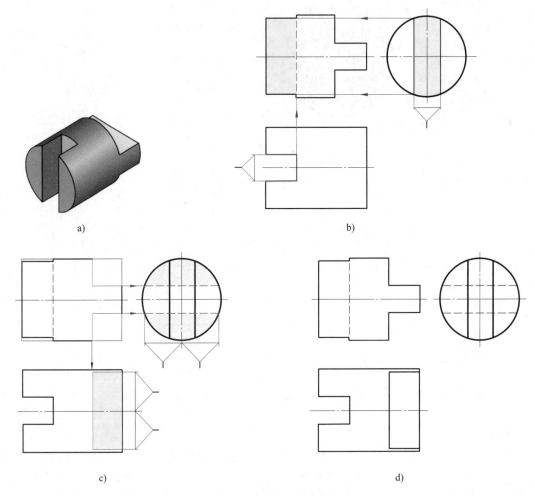

图 2-34　接头表面截交线的作图步骤

作图

（1）根据槽口的宽度作出槽口的侧面投影（两条竖线），再按投影关系作出槽口的正面投影（图 2-34b）。

（2）根据切肩的厚度作出切肩的侧面投影（两条细虚线），再按投影关系作出切肩的水平投影（图 2-34c）。

（3）擦去多余的作图线并描深。图 2-34d 所示为完整的接头三视图。

思考

由图 2-34d 的正面投影可以看出，圆柱最高、最低两条素线因左端开槽而各截去一段，所以正面投影的外形轮廓线在开槽部位向轴线收缩，其收缩程度与槽宽有关。又由水平投影可以看出，圆柱右端切肩被切去上、下对称的两块，其截交线的水平投影为矩形，因为圆柱最前、最后素线的切肩部位未被切去，所以圆柱水平投影的外形轮廓线是完整的。

2. 平面与圆球相交

用平面切割圆球时，其交线均为圆，圆的大小取决于平面与球心的距离。当平面平行于投影面时，在该投影面上的交线圆的投影反映实形，另外两个投影面上的投影积聚成直线。图 2-35 所示为圆球被水平面和侧平面切割后的三面投影图。

例 2-14　如图 2-36a 所示，已知半球开槽的主视图，补全俯视图，并作出左视图。

分析

半球上部的通槽是由左右对称的两个侧平面和一个水平面切割而成的，它们与球面的截交线均为圆弧。

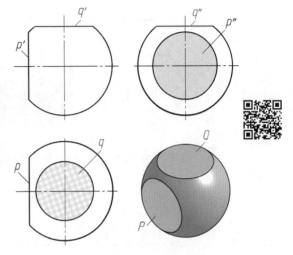

图 2-35　用平面切割圆球

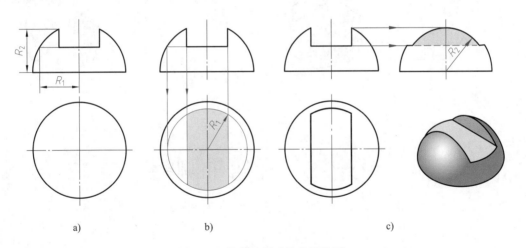

a) b) c)

图 2-36　切槽半圆球的投影作图

作图

（1）作通槽的水平投影　通槽底面的水平投影由两段相同的圆弧和两段积聚性直线组成，圆弧的半径为 R_1（图 2-36b），可从正面投影中量取。

（2）作通槽的侧面投影　通槽的内侧面为侧平面，其侧面投影为圆弧，半径 R_2 可从正面投影中量取。通槽的底面为水平面，侧面投影积聚为一条直线，中间部分不可见，画成虚线（图 2-36c）。

必须注意：在侧面投影中，球面上通槽部分的转向轮廓线被切去。

课堂实训

1. 已知物体的两视图，求作其第三视图。

（1）　　　　　　　　　　　　　　　　（2）

2. 识读已知视图，补画视图中的缺线。

（1）　　　　　　　　　　　　　　　　（2）

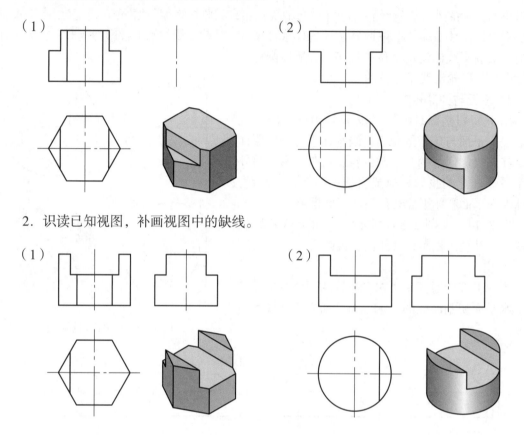

---

§2-5　正等轴测图

　　用正投影法绘制的三视图度量性好，能准确表达物体的形状，但缺乏立体感。轴测图（图2-28）富有立体感，直观性强。在工程上，轴测图常作为辅助图样，用于产品说明书中表示产品的形状等。目前，三维CAD技术已日臻成熟，轴测图表示法正日益广泛地用于产品几何模型的设计。

一、正等轴测图的形成和投影特性

1. 正等轴测图的形成

　　在一立方体上，设直角坐标轴 O_0X_0、O_0Y_0、O_0Z_0，如图2-37所示，使三条坐标轴对轴测投影面均处于倾角相等的位置，用正投影法，即用平行的投射线垂直于投影面进行投射，所得到的投影即为正等轴测图，简称正等测。

2. 轴间角与轴向伸缩系数

直角坐标轴在轴测投影面上的投影 OX、OY、OZ 称为轴测轴，三条轴测轴的交点 O 称为原点。任意两条轴测轴之间的夹角 $\angle XOY$、$\angle XOZ$、$\angle YOZ$ 称为轴间角。正等轴测图中的轴间角 $\angle XOY=\angle XOZ=\angle YOZ=120°$。作图时，将 OZ 轴画成铅垂线，OX、OY 轴分别与水平线成 30° 角，如图 2–37b 所示。

正等轴测图三个轴的轴向伸缩系数（轴测轴的单位长度与相应直角坐标轴单位长度的比值）相等，即 $p_1=q_1=r_1=0.82$（证明略）。为作图方便，通常采用简化的轴向伸缩系数，即 $p=q=r=1$。作图时，在平行于轴测轴方向的线段上可直接按实际长度量取，不需换算。依此方法画出的正等轴测图，各轴向长度是原长的 $1/0.82 \approx 1.22$ 倍，但形状没有改变。

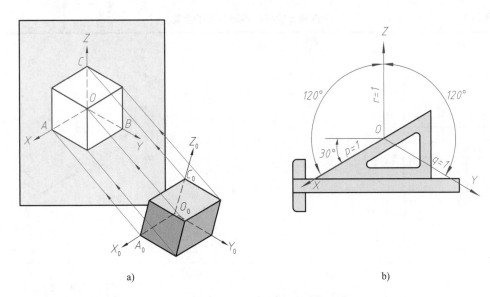

a)　　　　　　　　　　　　　　b)

图 2–37　正等轴测图的形成及轴间角与轴向伸缩系数

3. 轴测图的投影特性

（1）平行性　物体上互相平行的线段，轴测投影仍互相平行。平行于坐标轴的空间线段，轴测投影仍平行于相应的轴测轴，且同一轴向所有线段的轴向伸缩系数相同。应注意：物体上不平行于轴测投影面的平面图形，在轴测图上变成原形的类似形。例如，正方形的轴测投影为菱形，圆的轴测投影为椭圆等。

（2）度量性　只有当物体上的线段与轴测轴平行时方可沿轴向直接量取尺寸。所谓"轴测"是指沿轴向才能进行测量的意思。

理解和灵活运用轴测投影这两点投影特性是画轴测图的关键。

二、正等轴测图画法

常用的轴测图画法是坐标法和切割法。坐标法是指沿坐标轴方向测量画出物体各顶点的轴测投影，并根据线段平行关系画出各线段，以完成物体的轴测图；切割法是指对于不完整的切割型基本体，在先采用坐标法画出物体完整基本体的基础上，再用切割的方法画出其切割部分。

　　画轴测图的一般步骤如下：根据物体的形体特征确定原点，画轴测轴；利用线段平行关系和坐标法确定物体各顶点；连线，画出完整基本体的轴测图；再按坐标法和切割法画出物体的不完整部分，从而完成物体的轴测图。

　　例 2-15　作直角三棱柱的正等轴测图。

　　分析

　　画直角三棱柱正等轴测图的步骤见表 2-7，如图 a 所示，三棱柱前后两端面为直角三角形，侧面均为矩形，侧面棱边平行且相等。设坐标原点 O_0 为三棱柱后端面直角三角形的顶点，O_0X_0、O_0Y_0、O_0Z_0 三个轴线分别与三棱柱的棱线重合，这样从端面开始画起，便于直接定出顶点坐标。

　　作图

表 2-7　　　　　　　　　　　　　　　画直角三棱柱正等轴测图的步骤

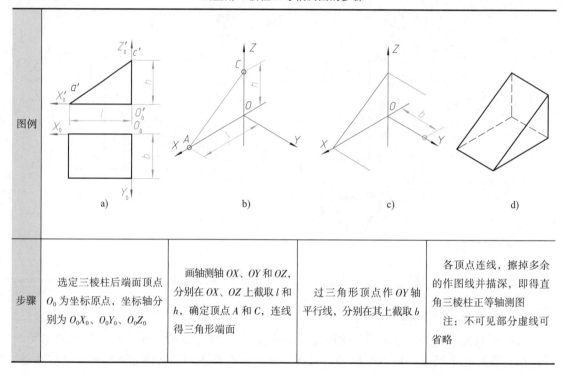

图例	a)	b)	c)	d)
步骤	选定三棱柱后端面顶点 O_0 为坐标原点，坐标轴分别为 O_0X_0、O_0Y_0、O_0Z_0	画轴测轴 OX、OY 和 OZ，分别在 OX、OZ 上截取 l 和 h，确定顶点 A 和 C，连线得三角形端面	过三角形顶点作 OY 轴平行线，分别在其上截取 b	各顶点连线，擦掉多余的作图线并描深，即得直角三棱柱正等轴测图 注：不可见部分虚线可省略

　　例 2-16　作楔形块正等轴测图。

　　分析

　　画楔形块正等轴测图的步骤见表 2-8，如图 a 所示，可采用切割法作图，将它看成由一个长方体斜切一角而成。对于切割后的斜面中与三个坐标轴都不平行的线段，在轴测图上不能直接按主视图中尺寸量取，而应先按坐标求出其端点，然后再连线，并利用平行性完成轴测图。

表 2-8 画楔形块正等轴测图的步骤

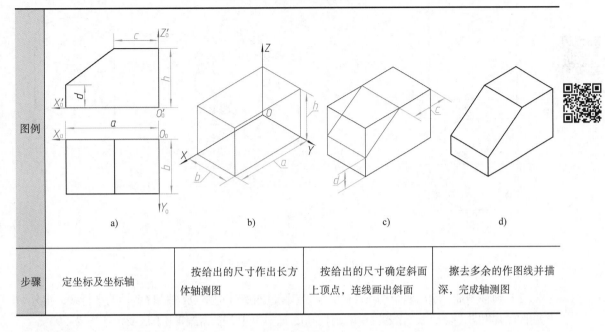

步骤	定坐标及坐标轴	按给出的尺寸作出长方体轴测图	按给出的尺寸确定斜面上顶点，连线画出斜面	擦去多余的作图线并描深，完成轴测图

思考

如图 2-38a 所示，用铅垂面切去楔形块的两角，其轴测图的画法要根据给出的尺寸 e、f 定出铅垂面上斜线段的端点，然后连线成四边形，如图 2-38b、c、d 所示。

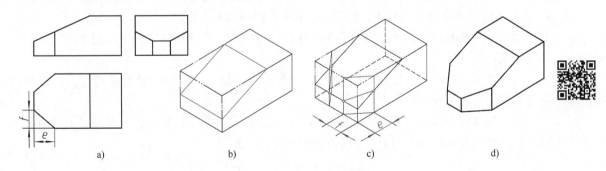

图 2-38 楔形块切去两角后的正等轴测图画法

例 2-17 作圆柱正等轴测图。

分析

如图 2-39a 所示，直立正圆柱的轴线垂直于水平面，上、下底面为两个与水平面平行且大小相同的圆，在轴测图中均为椭圆。可按圆柱的直径 ϕ 和高度 h 作出两个形状和大小相同、中心距为 h 的椭圆，再作两椭圆的公切线。

作图

（1）选定坐标轴及坐标原点。根据圆柱上底圆与坐标轴的交点定出点 a、b、c、d（图 2-39a）。

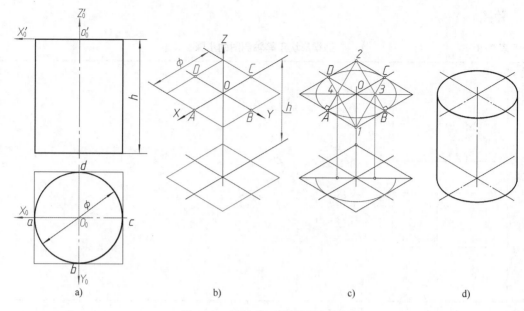

图 2-39　圆柱的正等轴测图画法

（2）画轴测轴，定出四个切点 A、B、C、D，过四点分别作 OX 轴和 OY 轴的平行线，得外切正方形的轴测图（菱形）。沿 Z 轴量取圆柱高度 h，用同样的方法作出下底菱形（图 2-39b）。

（3）过菱形两顶点 1、2，连 $1C$、$2B$ 得交点 3，连 $1D$、$2A$ 得交点 4。1、2、3、4 即为形成近似椭圆的四段圆弧的圆心。分别以 1、2 为圆心，$1C$ 为半径作圆弧 $\overarc{CD}$[①] 和 $\overarc{AB}$；分别以 3、4 为圆心，$3B$ 为半径作圆弧 $\overarc{BC}$ 和 $\overarc{AD}$，得圆柱上底轴测图（椭圆）。将三个圆心 2、3、4 沿 Z 轴平移距离 h，作出下底椭圆，不可见的圆弧不必画出（图 2-39c）。

（4）作两椭圆的公切线，擦去多余的作图线并描深，完成圆柱轴测图（图 2-39d）。

思考

（1）在图 2-39c 所示作图过程中，可以证明 $2A \perp 1A$、$2B \perp 1B$，该性质可在绘制圆角的正等轴测图时用于确定圆心。

（2）当圆柱轴线垂直于正面或侧面时，轴测图的画法与上述相同，只是圆平面内所含的轴测轴应分别为 OX、OZ 和 OY、OZ，如图 2-40 所示。

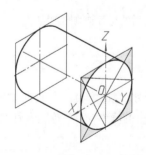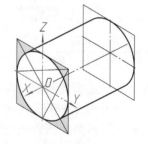

图 2-40　不同方向圆柱的正等轴测图

---

① 新国家标准规定，圆弧符号应在字母的左边（$\frown CD$），为方便起见，本书后面沿用原来的形式（$\overarc{CD}$）。

（3）若圆柱变成圆管，孔的正等轴测图如何表示？

（4）半圆柱的正等轴测图怎么画？

例 2-18　作半圆头板的正等轴测图。

分析

根据图 2-41a 给出的尺寸，先作出包括半圆头的长方体，再以包含 OX、OZ 轴的一对共轭轴作出半圆头和圆孔的轴测图。

作图

（1）画出长方体的轴测图，并标出切点 1、2、3，如图 2-41b 所示。

（2）过切点 1、2、3 作相应棱边的垂线，得交点 O_1、O_2。以 O_1 为圆心、$O_1 2$ 为半径作圆弧 $\overparen{12}$，以 O_2 为圆心、$O_2 2$ 为半径作圆弧 $\overparen{23}$，如图 2-41c 所示。将 O_1、O_2 和 1、2、3 各点向后平移板厚 t，作相应的圆弧，再作小圆弧公切线，如图 2-41d 所示。

（3）作圆孔椭圆，后壁椭圆只画出可见部分的一段圆弧，擦去多余的作图线并描深，如图 2-41e 所示。

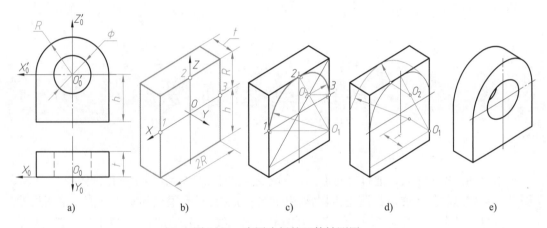

a)　　　　b)　　　　c)　　　　d)　　　　e)

图 2-41　半圆头板的正等轴测图

知识链接

　　常用的轴测图有正等测图和斜二测图。

　　顾名思义，正等测即用正投影法，所得投影的轴间角和轴向伸缩系数都相等，且只能沿轴测轴方向测量尺寸。类似地，斜二测图则是采用斜投影法，所得投影有两个轴测轴的轴间角和轴向伸缩系数相等，且同样只能沿轴测轴方向测量尺寸。通过与正等测画法进行比较，可自行分析图 2-42 所示的斜二测画法，其突出特点是物体正面反映实形。

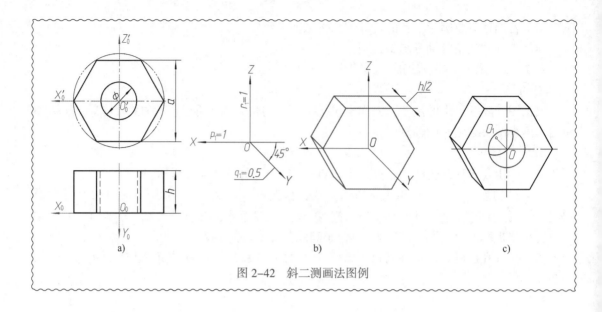

图 2-42　斜二测画法图例

§2-6　草图画法

不用绘图仪器和工具，通过目测形体各部分之间的相对比例，徒手画出的图样称为草图。草图是创意构思、技术交流、测绘机器常用的绘图方法，具有很大的实用价值。草图虽然是徒手绘制的，但绝不是潦草的图，仍应做到图形正确、线型粗细分明、字迹工整、图面整洁。

一、徒手画草图基本技法

1. 徒手画直线

徒手画直线时，在运笔过程中，小指轻抵纸面，视线略超前一些，不宜盯着笔尖，而要用眼睛的余光瞄向运笔的前方和笔尖运行的终点。如图 2-43 所示，画水平线时宜自左向右运笔，画垂直线时宜自上而下运笔。画斜线的运笔方向以顺手为原则，若与水平线相近，则自左向右；若与垂直线相近，则自上而下。如果将图纸沿运笔方向略倾斜，则画线更加顺手。若所画线段比较长，不便于一笔画成，可分几段画出，但切忌一小段一小段画出。

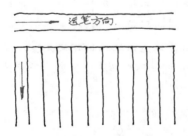
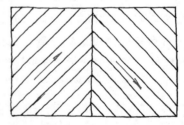

图 2-43　徒手画直线

2. 等分线段和常用角度示例

（1）八等分线段（图2-44a） 先目测取得中点4，再取等分点2、6，最后取等分点1、3、5、7。

（2）五等分线段（图2-44b） 先目测以2:3的比例将线段分成不相等的两段，然后将较短段平分，较长段三等分。

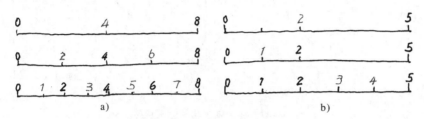

图2-44 等分线段

画常用角度时，可利用直角三角形两条直角边的长度比定出两端点，连成直线，如图2-45a所示。也可以如图2-45b所示，将半圆弧二等分或三等分后画出45°、30°或60°斜线。

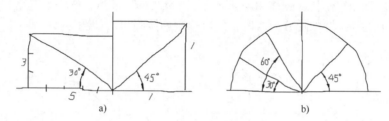

图2-45 画常用角度

3. 徒手画圆、圆角和圆弧

画直径较小的圆时，可如图2-46a所示，在已绘中心线上按半径目测定出四个点，徒手画成圆。也可以过四个点先作正方形，再作内切的四段圆弧。画直径较大的圆时，只取四个点不易准确作圆，可如图2-46b所示，过圆心再画45°和135°斜线，并在斜线上也目测定出四个点，过八个点画圆。

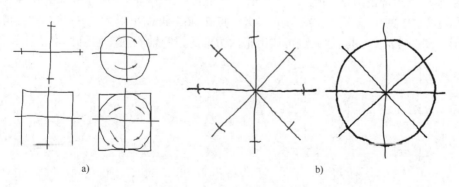

图2-46 徒手画圆

画圆角时，徒手先将直线画成相交，作分角线，再在分角线上定出圆心位置，使它与角两边的距离等于圆角半径的大小（图 2-47a）。过圆心向角两边引垂线，定出圆弧的起点和终点，在分角线上也定出圆周上的一点，然后徒手把三个点连成圆弧（图 2-47b）。用类似的方法还可画圆弧连接（图 2-47c）。

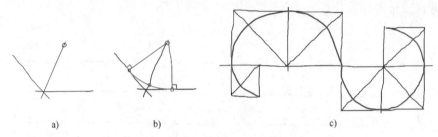

图 2-47　徒手画圆角和圆弧连接

4. 徒手画椭圆

画较小的椭圆时，先在中心线上定出长轴、短轴或共轭轴的四个端点，作矩形或平行四边形，再作四段椭圆弧，如图 2-48a 所示。画较大的椭圆时，可按图 2-48b 所示的方法，在平行四边形的四条边上取中点 1、3、5、7，在对角线上再取 2、4、6、8 四个点（如图 2-48b 所示，过 $O7$ 的中点 K 作 $MN//AD$，连接 $M7$、$N7$ 与 AC、BD 交于点 8、6，并作出它们的对称点 4、2），将椭圆分为八段，然后顺次连接画出，如图 2-48c 所示。

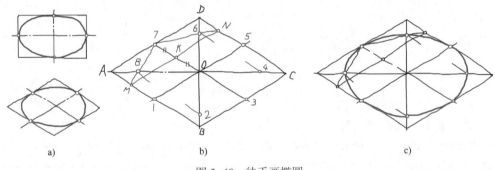

图 2-48　徒手画椭圆

5. 徒手画正六边形

徒手画正六边形的方法如图 2-49 所示。以正六边形的对角距（1 和 4 的连线）为直径作圆，取半径 $O1$ 的中点 K 作垂线与圆周交于点 2、6，再作出对称点 3、5，连接各点即为正六边形（图 2-49a）。用类似方法可作出正六边形的正等轴测图，如图 2-49b 所示。

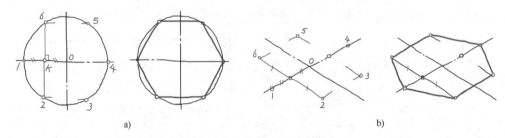

图 2-49　徒手画正六边形

二、草图画法综合实例

例 2-19　根据菱圆形底板轴测图，徒手画出其主、俯视图。

分析

底板由中间圆柱和两边的部分圆柱通过切平面构成其基本外形，然后在其中间开一大孔，两边各开一小孔。徒手画视图同样应遵循画三视图的步骤：先画基准线，再画轮廓线；先整体，后局部；先主后次。具体步骤如图 2-50 所示。

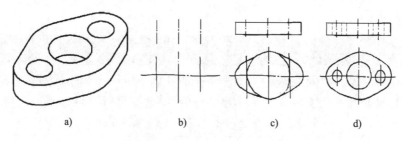

图 2-50　徒手画底板主、俯视图

例 2-20　画螺栓毛坯的正等测草图。

分析

螺栓毛坯由六棱柱、圆柱和圆台组成，基本体的底面中心均在 O_0Z_0 轴上（图 2-51a）。作图时可先画出轴测轴，在 OZ 轴上定出各底面的中心 O_1、O_2、O_3，过各中心点作平行于轴测轴（OX、OY）的直线（图 2-51b）。按图 2-48 和图 2-49 所示的方法画出各底面的图形（图 2-51c），最后画出六棱柱、圆柱和圆台的外形轮廓，如图 2-51d 所示。

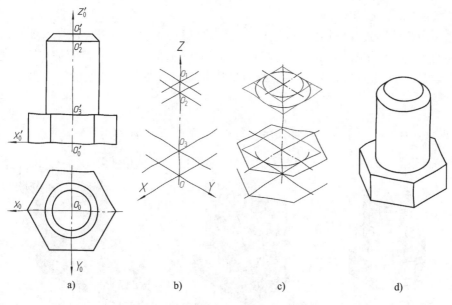

图 2-51　画螺栓毛坯的正等测草图

第3章

组 合 体

本章提要

　　任何机器零件从形体角度分析，都是由一些基本体经过叠加、切割或穿孔等方式组合而成的。这种两个或两个以上的基本形体组合构成的整体称为组合体。掌握组合体画图和读图的基本方法十分重要，将为进一步识读和绘制零件图打下基础。

§3-1　组合体的组合形式与表面连接关系

一、组合体的组合形式

　　组合体的组合形式有叠加型、切割型和综合型三种。叠加型组合体可看成是由若干基本形体叠加而成的，如图 3-1a 所示。切割型组合体可看成是一个完整的基本体经过切割或穿孔后形成的，如图 3-1b 所示。多数组合体则是既有叠加又有切割的综合型组合体，如图 3-1c 所示。

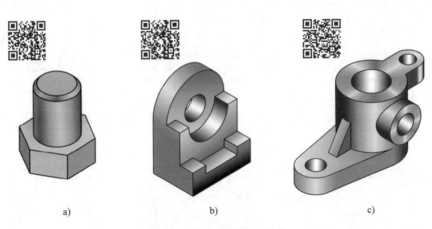

a)　　　　　　　　　b)　　　　　　　　　c)

图 3-1　组合体的组合形式
a）叠加型　b）切割型　c）综合型

二、组合体中相邻形体表面的连接关系

组合体中的基本形体经过叠加、切割或穿孔后，形体的相邻表面之间可能形成共面、相切或相交三种特殊关系，如图 3-2 所示。

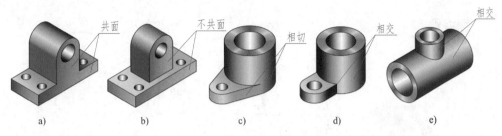

图 3-2 两表面的连接关系

1. 共面

当两形体相邻表面共面时，在共面处不应有相邻表面的分界线，如图 3-3a 所示。当两形体相邻表面不共面时，两形体的投影间应有线隔开，如图 3-3b 所示。

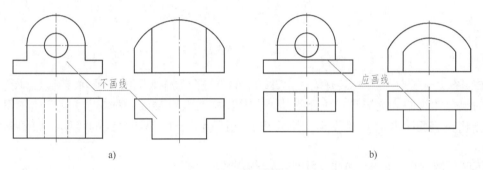

图 3-3 两表面共面或不共面的画法

a）共面 b）不共面

2. 相切

当两形体相邻表面相切时，由于相切是光滑过渡，因此切线的投影不必画出（图 3-4a）。相切处画线是错误的（图 3-4b）。

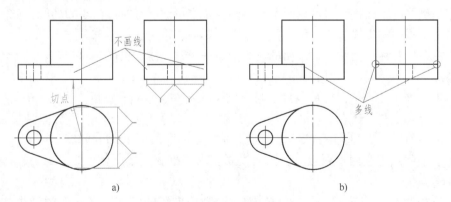

图 3-4 相切画法正误对比

a）正确 b）错误

3. 相交

两形体相交称为相贯，其相邻表面产生的交线称为相贯线，在相交处应画出相贯线的投影，如图 3-5 所示。

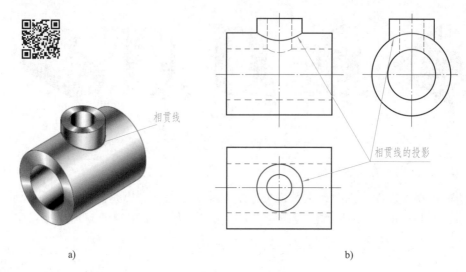

a)   b)

图 3-5　两立体表面相交

相贯线是两立体表面的共有线，相贯线上的点是两立体表面的一系列共有点。所以，画相交的组合体视图，关键是求画相贯线，其作图方法与截交线一样，首先应利用表面取点法求作相交表面上共有点的投影，然后将其光滑连接，即得相贯线的投影，如图 3-5b 所示。

下面介绍工程上最常见的圆柱相贯的投影画法。

例 3-1　两个直径不等的圆柱正交，求作相贯线的投影（图 3-6）。

分析

两圆柱轴线垂直相交称为正交，当直立圆柱轴线为铅垂线、水平圆柱轴线为侧垂线时，直立圆柱面的水平投影和水平圆柱面的侧面投影都具有积聚性，所以，相贯线的水平投影和侧面投影分别积聚在它们的圆周上（图 3-6a）。因此，只要根据已知的水平投影和侧面投影，求作相贯线的正面投影即可。两不等径圆柱正交形成的相贯线为空间曲线，如图 3-6 中立体图所示。因为相贯线前后对称，在其正面投影中，可见的前半部分与不可见的后半部分重合，且左右也对称。因此，求作相贯线的正面投影时只需作出前面的一半。

作图

（1）求特殊点　水平圆柱最高素线与直立圆柱最左、最右素线的交点 A、B 是相贯线上的最高点，也是最左、最右点。a'、b'，a、b 和 a''、b'' 均可直接作出。点 C 是相贯线上的最低点，也是最前点，c'' 和 c 可直接作出，再由 c''、c 求得 c'（图 3-6b）。

（2）求中间点　利用积聚性，在侧面投影和水平投影上定出 e''、f'' 和 e、f，再作出 e'、f'（图 3-6c）。

（3）连接　光滑连接 a'、e'、c'、f'、b'，即为相贯线的正面投影，作图结果如图 3-6d 所示。

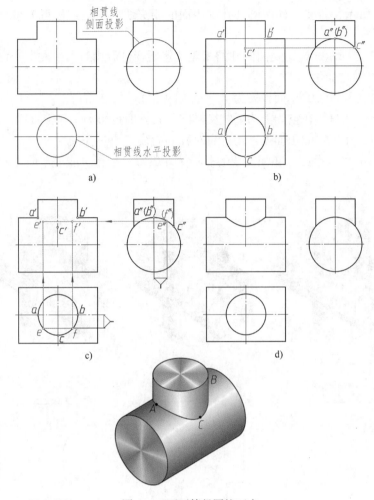

图 3-6　两不等径圆柱正交

思考

（1）如图 3-7a 所示，若在水平圆柱上穿孔，就会出现圆柱外表面与圆柱孔内表面的相贯线。这种相贯线可以看成是直立圆柱与水平圆柱相贯后，再把直立圆柱抽去而形成的。

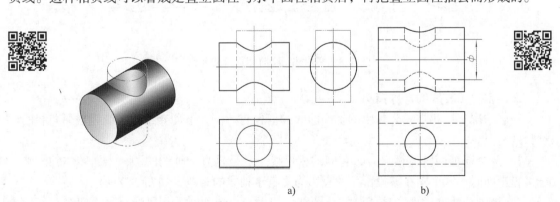

图 3-7　圆柱穿孔后相贯线的投影

如图 3–7b 所示，若要求作两圆柱孔内表面的相贯线，作图方法与求作两圆柱外表面相贯线的方法相同。

（2）如图 3–8 所示，当正交两圆柱的相对位置不变，而相对大小发生变化时，相贯线的形状和位置也将随之变化。

当 $\phi_1 > \phi$ 时，相贯线的正面投影为上下对称的曲线（图 3–8a）。

当 $\phi_1 = \phi$ 时，相贯线在空间上为两相交椭圆，其正面投影为两相交直线（图 3–8b）。

当 $\phi_1 < \phi$ 时，相贯线的正面投影为左右对称的曲线（图 3–8c）。

从图 3–8a、c 可以看出，在相贯线的非积聚性投影上，相贯线的弯曲方向总是朝向较大圆柱的轴线。

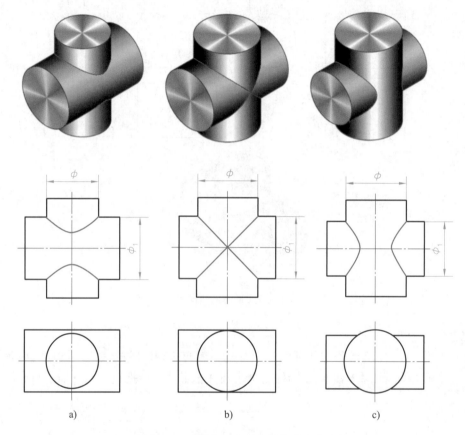

a) b) c)

图 3–8　两圆柱正交时相贯线的变化

三、常见相贯线的特殊情况

一般情况下，相贯线为封闭的空间曲线，但也有特例，下面介绍相贯线为平面曲线的两种特殊情况。

1. 两个同轴回转体相交时，它们的相贯线一定是垂直于轴线的圆，当回转体轴线平行于某投影面时，这个圆在该投影面的投影为垂直于轴线的直线，如图 3–9 所示。

2. 当轴线相交的两圆柱或圆柱与圆锥公切于一个球面时，相贯线是平面曲线——两个相交的椭圆。椭圆所在的平面垂直于两条轴线所决定的平面，如图 3–10 所示。

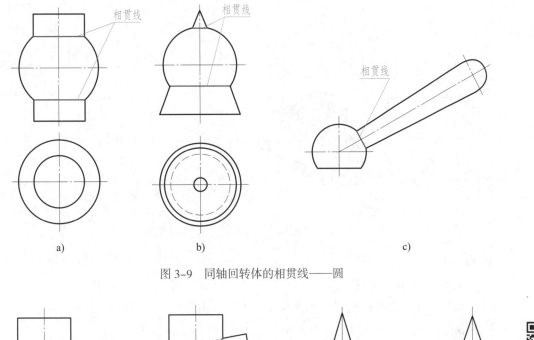

图 3-9　同轴回转体的相贯线——圆

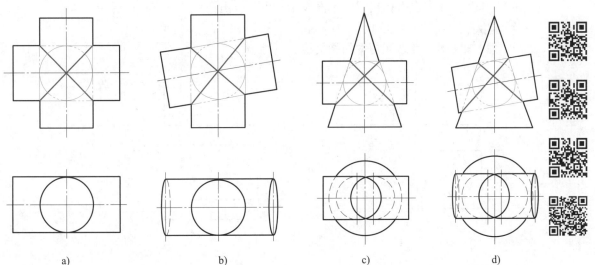

图 3-10　两回转体公切于一个球面的相贯线——椭圆

四、综合实例

例 3-2　已知相贯体的俯、左视图，求作主视图（图 3-11a）。

分析

由图 3-11a 所示立体图可以看出，该相贯体由一直立圆筒与一水平半圆筒正交，内、外表面都有交线。外表面为两个等径圆柱面相交，相贯线为两条平面曲线（椭圆），其水平投影和侧面投影都积聚在它们所在的圆柱面具有积聚性的投影上，正面投影为两段直线。内表面的相贯线为两段空间曲线，水平投影和侧面投影也都积聚在圆柱孔具有积聚性的投影上，正面投影为两段曲线。

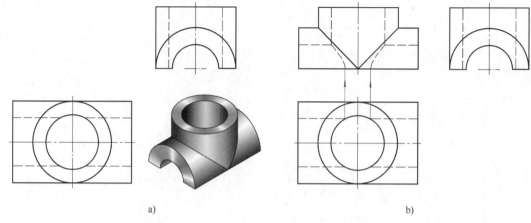

图 3-11　已知俯、左视图，求作主视图

作图（图 3-11b）

（1）作两等径圆柱外表面相贯线的正面投影，即两段对称的 45° 斜线。

（2）作圆柱孔内表面相贯线的正面投影。可先求出三个特殊点，然后用圆弧连接。

课堂实训

识读已知视图，补画视图中的相贯线。

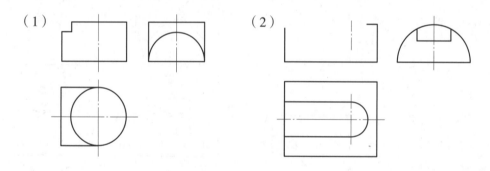

§3-2　画组合体视图的方法与步骤

　　画组合体视图时，首先要运用形体分析法将组合体分解为若干基本形体，分析它们的组合形式和相对位置，判断形体间相邻表面是否存在共面、相切或相交的关系，然后逐个画出各基本形体的三视图。必要时还要对组合体中的投影面垂直面或一般位置平面及其相邻表面关系进行面形分析。

一、叠加型组合体的视图画法

1. 形体分析

根据形体结构特点，可将图 3-12a 所示的支座看成是由底板、竖板和肋板三部分叠加而成的，如图 3-12b 所示。竖板上部的圆柱面与左、右两侧面相切；竖板与底板的后表面共面，两者前表面错开，不共面，竖板的两侧面与底板上表面相交；肋板与底板、竖板的相邻表面都相交；底板、竖板上有通孔且底板前面为圆角。

2. 选择视图

如图 3-12a 所示，将支座按自然位置安放后，经过比较箭头 A、B、C、D 所指四个不同投射方向可以看出，选择 A 向作为主视图的投射方向要比其他方向好。因为组成支座的基本形体及其整体结构特征在 A 向表达最清晰。

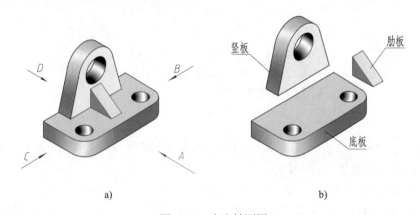

图 3-12 支座轴测图

3. 画图步骤

选择适当的比例和图纸幅面，确定视图位置。先画出各视图的主要中心线和基准线，然后按形体分析法，从主要形体（如底板、竖板）着手，先画有形状特征的视图，且先画主要部分，再画次要部分，然后按各基本形体的相对位置和表面连接关系及其投影关系，逐个画出它们的三视图，具体作图步骤如图 3-13 所示。

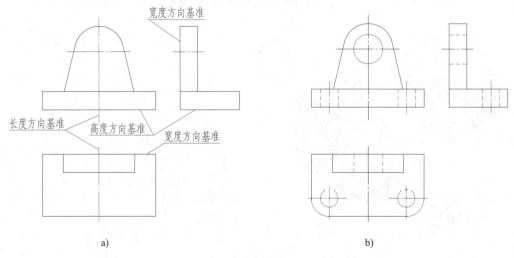

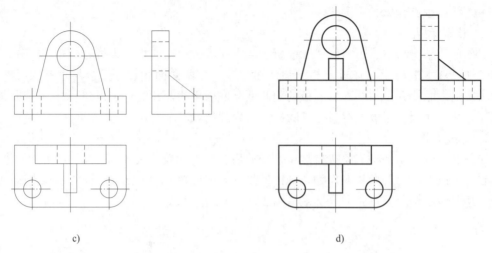

c)   d)

图 3-13　支座三视图的作图步骤
a）布置视图，画基准线、底板和竖板　b）画圆柱孔和圆角
c）画肋板　d）描深，完成三视图

思考

分组并分别以箭头 *B*、*C*、*D* 所示方向作为主视图投射方向，徒手画出三视图，其结果如何？与 *A* 向三视图进行比较验证。

二、切割型组合体的视图画法

图 3-14a 所示组合体可看成是由长方体切去基本形体 1、2、3 而形成的。画切割型组合体的视图可在形体分析的基础上结合面形分析法进行。

切割型组合体的作图步骤如图 3-14 所示。

画图时应注意以下两点：

（1）作每个切口投影时，应先从反映形体特征轮廓且具有积聚性投影的视图开始，再按投影关系画出其他视图。例如，第一次切割时（图 3-14b），先画切口的主视图，再画出俯、左视图中的图线；第二次切割时（图 3-14c），先画圆槽的俯视图，再画出主、左视图中的图线；第三次切割时（图 3-14d），先画梯形槽的左视图，再画出主、俯视图中的图线。

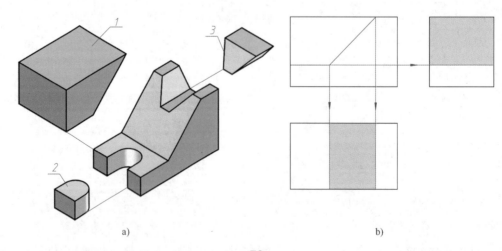

a)   b)

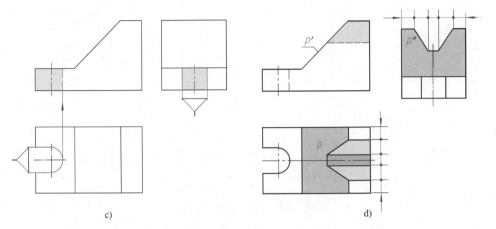

c)   d)

图 3-14　切割型组合体的作图步骤

a）切割型组合体　b）第一次切割　c）第二次切割　d）第三次切割

（2）注意切口截面投影的类似性。如图 3-14d 中的梯形槽与斜面 P 相交而形成的截面，其水平投影 p 与侧面投影 p'' 应为类似形。

§3-3　组合体的尺寸标注

一、尺寸标注的基本要求

组合体尺寸标注的基本要求是正确、齐全和清晰。正确是指符合国家标准的规定；齐全是指标注尺寸既不遗漏，也不多余；清晰是指尺寸注写布局整齐、清楚，便于看图。本节着重讨论如何保证尺寸标注齐全和清晰。

为掌握组合体的尺寸标注方法，在掌握基本体尺寸标注的基础上，还应熟悉几种带切口形体的尺寸标注。对于带切口的形体，除了标注基本形体的尺寸外，还要注出确定截平面位置的尺寸。必须注意，由于形体与截平面的相对位置确定后，切口的交线已完全确定，因此不应在交线上标注尺寸。图 3-15 中画出 "×" 的为多余尺寸。

二、组合体的尺寸标注

下面以图 3-16 为例，说明标注组合体尺寸的基本方法。

1. 尺寸齐全

要保证尺寸齐全，既不遗漏，也不重复，应先按形体分析法注出确定各基本形体大小的定形尺寸，再标注确定它们之间相对位置的定位尺寸，最后根据组合体的结构特点注出总体尺寸。

（1）定形尺寸　定形尺寸是指确定组合体中各基本形体大小的尺寸（图 3-16a）。

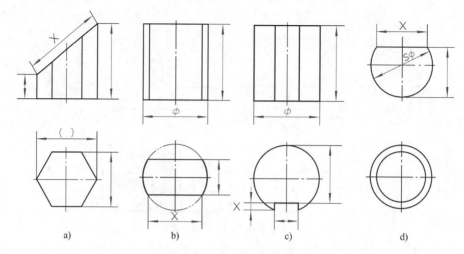

图 3-15　带切口形体的尺寸标注示例

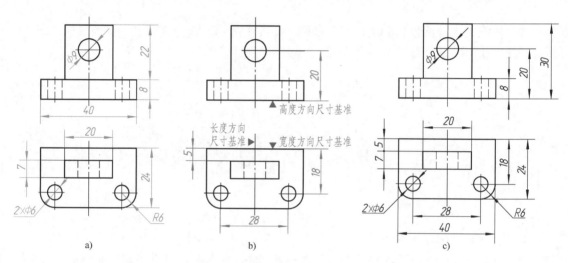

图 3-16　组合体的尺寸标注示例
a）定形尺寸　b）定位尺寸　c）全部尺寸

例如，底板的长、宽、高尺寸（40、24、8），底板上圆孔和圆角尺寸（2×φ6、R6）。必须注意，相同圆孔 φ6 要注写数量，如 2×φ6，但相同圆角 R6 不注数量，两者均不必重复标注。

（2）定位尺寸　定位尺寸是指确定组合体中各基本形体之间相对位置的尺寸（图 3-16b）。

标注定位尺寸时，需在长、宽、高三个方向分别选定尺寸基准，每个方向至少有一个尺寸基准，以便确定各基本形体在各方向上的相对位置。通常选择组合体底面、端面或对称平面以及回转轴线等作为尺寸基准。如图 3-16b 所示，组合体左右对称平面为长度方向尺寸基准；后端面为宽度方向尺寸基准；底面为高度方向尺寸基准（图中用符号"▲"表示基准位置）。

由长度方向尺寸基准注出底板上两圆孔的定位尺寸 28；由宽度方向尺寸基准注出底板上圆孔与后端面的定位尺寸 18，竖板与后端面的定位尺寸 5；由高度方向尺寸基准注出竖板上圆孔与底面的定位尺寸 20。

（3）总体尺寸　总体尺寸是指确定组合体在长、宽、高三个方向的总长、总宽和总高尺寸（图 3-16c）。

组合体的总长和总宽尺寸即底板的长 40 和宽 24，不再重复标注。总高尺寸 30 应从高度方向尺寸基准处注出。总高尺寸标注后，原来标注的竖板高度尺寸 22 取消。必须注意，当组合体一端为同心圆孔的回转体时，通常仅标注孔的定位尺寸和外端圆柱面的半径，不标注总体尺寸。图 3-17 所示为不注总高尺寸示例。

2. 尺寸清晰

为了便于读图和查找相关尺寸，尺寸的布置必须整齐、清晰。下面以尺寸已经标注齐全的组合体为例，说明尺寸布置应注意的几个方面（图 3-16c）。

（1）突出特征　定形尺寸尽量标注在反映该部分形状特征的视图上，如底板的圆孔和圆角尺寸应标注在俯视图上。

（2）相对集中　形体某一部分的定形尺寸及有联系的定位尺寸应尽可能集中标注，便于读图时查找。例如，在长度和宽度方向上，底板的定形尺寸及两小圆孔的定形和定位尺寸集中标注在俯视图上；而在长度和高度方向上，竖板的定形尺寸及圆孔的定形和定位尺寸集中标注在主视图上。

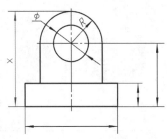

图 3-17　不注总高尺寸示例

（3）布局整齐　尺寸尽可能布置在两视图之间，以便于对照。同方向的平行尺寸，应使小尺寸在内，大尺寸在外，间隔均匀，避免尺寸线与尺寸界线相交（如俯视图上的尺寸 18、24 与主视图上的尺寸 8、20）。主、俯视图上同方向的尺寸应排列在同一直线上（如俯视图上的尺寸 7、5），这样既整齐又便于画图。

§3-4　读组合体视图的方法与步骤

画图是把空间形体按正投影方法绘制在平面上。读图则是根据画出的视图进行形体分析，想象空间形体形状的过程。读图是画图的逆过程，因此，读图时必须以画图的投影理论为指导，掌握读图的基本要领和基本方法。

一、读图的基本要领

1. 各视图联系起来读图

在机械图样中，机件形状一般是通过几个视图来表达的，每个视图只能反映机件一个方向的形状。因此，仅由一个或者两个视图往往不能唯一地表达机件形状。如图 3-18 所示的六组图形，它们的俯视图均相同，但实际上是六种不同形状物体的俯视图。所以，只有把俯视图与主视图联系起来识读，才能判断它们的形状。又如图 3-19 所示的四组图形，它们的主、俯视图均相同，但同样是四种不同形状的物体。

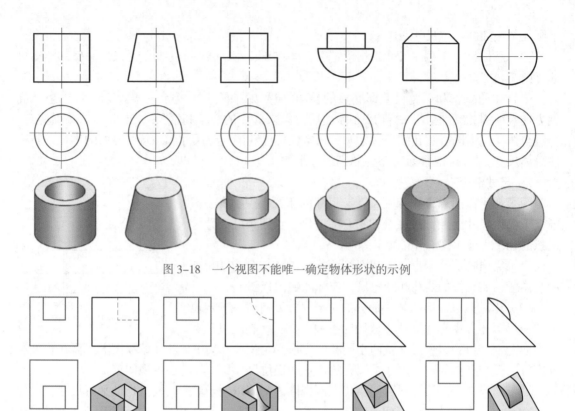

图 3-18　一个视图不能唯一确定物体形状的示例

a)   b)   c)   d)

图 3-19　两个视图不能唯一确定物体形状的示例

　　由此可见，读图时必须将给出的全部视图联系起来分析，才能想象出物体的形状。

2. 明确视图中线框和图线的含义

（1）视图上的每个封闭线框通常表示物体上一个表面（平面或曲面）的投影。如图 3-20a 所示主视图中有四个封闭线框，对照俯视图可知，线框 a'、b'、c' 分别是六棱柱前三个棱面的投影，线框 d' 则是前半圆柱面的投影。

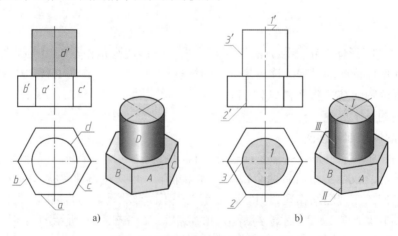

a)   b)

图 3-20　视图中线框和图线的含义

（2）相邻两线框或大线框中有小线框，则表示物体不同位置的两个表面。可能是两表面相交，如图3-20a中的B、A、C面依次相交；也可能是平行关系（如上下、前后、左右），如图3-20a所示俯视图中大线框六边形中的小线框圆，就是六棱柱顶面与圆柱顶面的投影。

（3）视图中的每条图线可能是立体表面具有积聚性的投影，如图3-20b所示主视图中的1′是圆柱顶面Ⅰ的投影；或者是两平面交线的投影，如图3-20b所示主视图中的2′是A面与B面交线Ⅱ的投影；也可能是曲面转向轮廓线的投影，如图3-20b所示主视图中的3′是圆柱面前、后转向轮廓线Ⅲ的投影。

3. 抓住特征视图，确定物体形状

一组视图中能清楚地表达物体结构和形状特征的视图称为特征视图。特征视图又可分为形状特征视图和位置特征视图。读图时首先要抓住特征视图，这是快速识读组合体视图的前提和基础。

形状特征视图是指能清楚地反映物体主要形状特征的视图。一般情况下，主视图能较多地反映组合体整体形状特征。如图3-13所示的支座，主视图反映了组合体的竖板形状以及竖板与底板、肋板之间的位置关系，但是这三部分的形状特征并非完全集中在主视图上，底板和肋板的主要形状特征分别反映在俯视图和左视图中。

位置特征视图是指能清楚地反映物体各部分相对位置特征的视图。如图3-21a所示的组合体，主视图的三个线框反映了组合体三个组成部分的形状特征，其中两线框圆和长方形之间前、后方向的相对位置不确定，具体哪个是孔，哪个是凸出的实体，主、俯视图均无法确定，可能的形体如图3-21b、c所示；而对照左视图可以清楚地反映出上方圆柱和下方长方形孔的位置关系，可确定是图3-21b所示的物体，左视图就是位置特征视图。换句话说，该物体可用有形状特征的主视图和位置特征的左视图唯一表达。

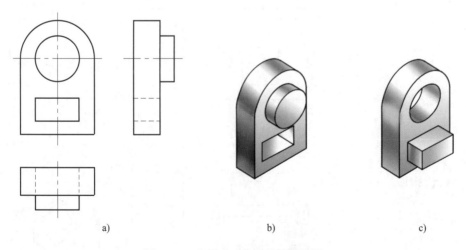

a)   b)   c)

图3-21　分析反映位置的特征视图

思考

（1）根据图3-19所示的主、俯两个视图，还能想象出可能的其他形体吗？

（2）根据图3-21c画出物体的三视图，与图3-21a进行比较，分析其异同点。

二、读图的基本方法

1. 形体分析法

读图的基本方法与画图一样，主要也是运用形体分析法。其基本思路如下：在反映形状特征比较明显的主视图上按线框将组合体划分为几个部分，即几个基本体；然后通过投影关系，找到各线框在其他视图中的投影，从而分析各部分的形状及它们之间的相对位置；最后综合起来，想象出组合体的整体形状。现以表 3-1 中图 a 识读支座的主、俯视图为例，说明运用形体分析法识读组合体视图的方法与步骤。

表 3-1　　　　　　　　　　　　　　　　识读支座视图的方法与步骤

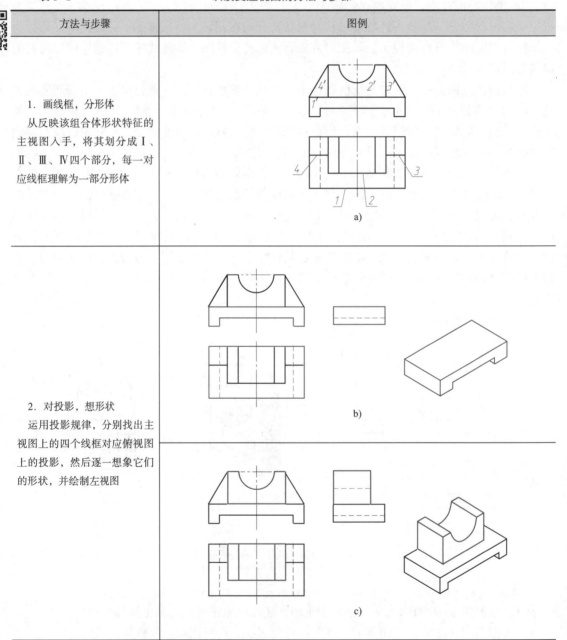

方法与步骤	图例
1. 画线框，分形体 从反映该组合体形状特征的主视图入手，将其划分成 I 、Ⅱ、Ⅲ、Ⅳ四个部分，每一对应线框理解为一部分形体	a)
2. 对投影，想形状 运用投影规律，分别找出主视图上的四个线框对应俯视图上的投影，然后逐一想象它们的形状，并绘制左视图	b) c)

— 76 —

方法与步骤	图例
	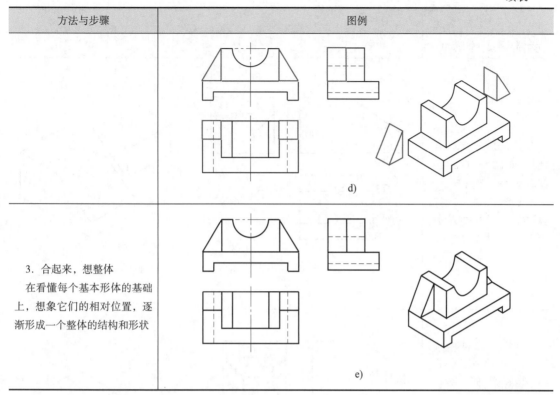d)
3. 合起来，想整体 　在看懂每个基本形体的基础上，想象它们的相对位置，逐渐形成一个整体的结构和形状	e)

2. 面形分析法

面形分析法是指分析投影图上线面的投影特征和相对位置，进而确定物体形状的方法。读形状比较复杂的组合体的视图时，在运用形体分析法的同时，对不易读懂的部分，还常用面形分析法来帮助想象和读懂这些局部形状。

例 3-3　识读组合体三视图（表 3-2 中图 a），想出其整体形状。

表 3-2　　　　　　　　　　　　　识读楔块视图的方法与步骤

方法与步骤		图例
形体分析	面形分析	
由三视图的基本外形轮廓近似于长方形，可以判断其基本体为长方体		a)

方法与步骤		图例
形体分析	面形分析	
由主视图缺角，可以判断长方体左上方被切掉一角	根据投影面垂直面的投影特性，可判断截断面 A 是正垂面（主视图为线段，俯、左视图为类似形）	b)
由俯视图两缺角，可以判断长方体左端前后对称各切去一角	根据投影面垂直面的投影特性，可判断截断面 B 是前后两对称的铅垂面（俯视图为线段，主、左视图为类似形）	c)
由左视图缺口，可以判断在长方体前后方向的中上部，沿长度方向开一长方形槽	在中上部用前后两个正平面和一个水平面切割出一个侧垂矩形槽	d)

方法与步骤		图例
形体分析	面形分析	
综合起来，想象出在长方体上切角和开槽后的整体结构和形状		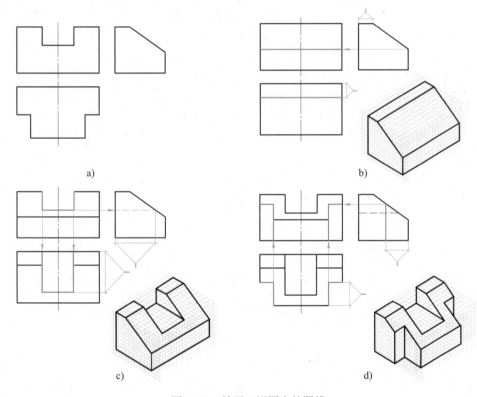

例 3-4 补画三视图中的漏线（图 3-22）。

a)

b)

c)

d)

图 3-22 补画三视图中的漏线

分析

如图 3-22a 所示，从已知三个视图的分析可知，该组合体是由长方体被几个不同位置的半面切割而成的。可采用边切割边补线的方法逐一补画三个视图中的漏线。在补线过程中，要应用"长对正、高平齐、宽相等"的投影规律，特别要注意俯、左视图宽相等及前后对应的投影关系。

— 79 —

三个视图中均没有圆或圆弧，可采用正等测画法徒手在坐标纸上绘制轴测草图。

作图

（1）由左视图上的斜线可知，长方体被侧垂面切去一角。补画主、俯视图中相应的漏线，如图 3-22b 所示。

（2）由主视图上的凹槽可知，长方体上部被一个水平面和两个侧平面开了一个槽。补画俯、左视图中相应的漏线，如图 3-22c 所示。

（3）由俯视图可知，长方体前面被两组正平面和侧平面左右对称地各切去一角。补画主、左视图中相应的漏线（图 3-22d）。按徒手画出的轴测草图检查三视图。

课堂实训

根据已知视图，补画第三视图。

（1）　　　　　　　　　　　　　　　　　（2）

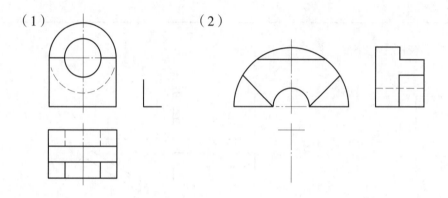

第4章

机械图样的基本表示法

本章提要

　　工程实际中，机件形状是多种多样的，有些机件的内、外形状都比较复杂，如果只用三视图可见部分画粗实线、不可见部分画细虚线的方法往往不能完整、清楚地表达。为此，国家标准规定了视图、剖视图和断面图等基本表示法。学习本章要掌握各种表示法的特点和画法，以便灵活地运用。

§4-1　视　　图

　　根据有关标准规定，绘制出物体的多面正投影图形称为视图。视图主要用于表达机件外部的结构和形状。

　　视图分为基本视图、向视图、局部视图和斜视图四种。

一、基本视图

　　将机件向基本投影面投射所得的视图称为基本视图。

　　如图 4-1a 所示，基本视图是物体向六个基本投影面投射所得的视图。空间的六个基本投影面可设想围成一个正六面体，为使其上的六个基本视图位于同一平面内，可将六个基本投影面按图 4-1b 所示的方法展开。

　　六个基本投射方向及视图名称见表 4-1。

　　在机械图样中，六个基本视图的名称和配置关系如图 4-2 所示。符合图 4-2 的配置规定时，图样中一律不标注视图名称。

　　六个基本视图仍保持"长对正、高平齐、宽相等"的三等关系，即仰视图与俯视图同样反映物体长、宽方向的尺寸，右视图与左视图同样反映物体高、宽方向的尺寸，后视图与主视图同样反映物体长、高方向的尺寸，如图 4-3 所示。

　　六个基本视图的三等关系及方位关系如图 4-3 所示，除后视图外，在围绕主视图的俯、仰、左、右四个视图中，远离主视图的一侧表示机件的前方，靠近主视图的一侧表示机件的后方。画图时，可利用 45° 线法保证"宽相等"和方位关系。

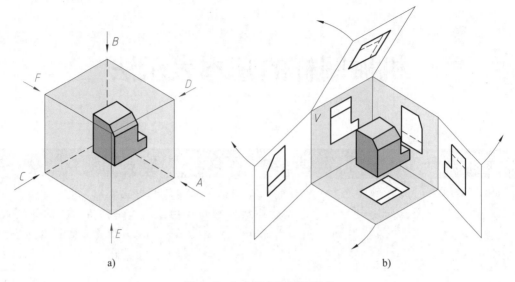

图 4-1　六个基本视图的形成

表 4-1　　　　　　　　　　　　六个基本投射方向及视图名称

方向代号	A	B	C	D	E	F
投射方向	由前向后	由上向下	由左向右	由右向左	由下向上	由后向前
视图名称	主视图	俯视图	左视图	右视图	仰视图	后视图

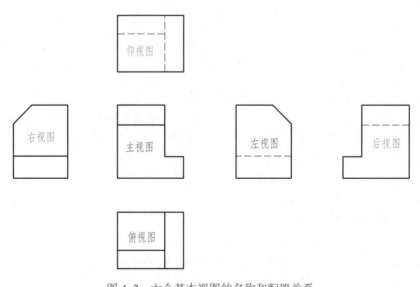

图 4-2　六个基本视图的名称和配置关系

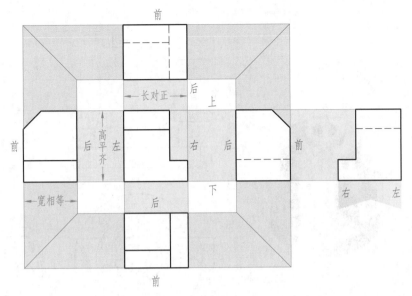

图 4-3　六个基本视图的三等关系及方位关系

实际画图时，无须将六个基本视图全部画出，应根据机件的复杂程度和表达需要，选用其中必要的几个基本视图。若无特殊情况，优先选用主、俯、左视图。

二、向视图

向视图是可以移位配置的基本视图。当某视图不能按投影关系配置时，可按向视图绘制，如图 4-4 中的向视图 *D*、向视图 *E* 和向视图 *F*。

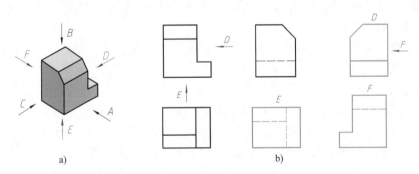

图 4-4　向视图及其标注

向视图必须在图形上方中间位置处注出视图名称"×"（"×"为大写拉丁字母，下同），并在相应的视图附近用箭头指明投射方向，注写相同的字母。

三、局部视图

局部视图是将机件的某一部分向基本投影面投射所得的视图。如图 4-5 所示的机件，用主、俯两个基本视图表达了主体形状，但左、右两边凸缘形状若用左视图和右视图表达，则显得烦琐和重复。采用 *A* 和 *B* 两个局部视图表达这两个凸缘形状，既简练又突出重点。

局部视图的配置、标注及画法如下：

（1）局部视图按基本视图位置配置，中间若没有其他图形隔开时，则不必标注，如图 4-5 中的局部视图 *A*，图中的字母 *A* 和相应的箭头均不必注出。

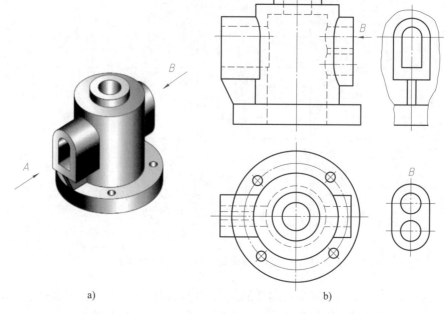

a)   b)

图 4-5　局部视图

（2）局部视图也可按向视图的配置形式配置在适当位置，如图 4-5 中的局部视图 *B*。

（3）局部视图的断裂边界通常用波浪线或双折线表示，如图 4-5 中的 *A* 向局部视图。但当所表示的局部结构是完整的，其图形的外轮廓线呈封闭状时，波浪线或双折线可省略不画，如图 4-5 中的局部视图 *B*。

（4）若局部视图按第三角画法（详见本章第 5 节）配置在视图上需要表示的局部结构附近，并用细点画线连接两图形时，无须另行标注，如图 4-6 所示。

四、斜视图

将机件向不平行于基本投影面的平面投射所得的视图称为斜视图。

如图 4-7a 所示，当机件上某局部结构不平行于任何基本投影面，在基本投影面上不能反映该部分的实形时，可增加一个新的辅助投影面，使其与机件上倾斜结构的主要平面平行，并垂直于一个基本投影面，然后将倾斜结构向辅助投影面投射，就可得到反映倾斜结构实形的视图，即斜视图。

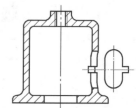

图 4-6　局部视图按第
三角画法配置

画斜视图时应注意以下两点：

（1）斜视图常用于表达机件上的倾斜结构。画出倾斜结构的实形后，机件的其余部分不必画出，此时可在适当位置用波浪线或双折线断开即可，如图 4-7b 所示。

（2）斜视图的配置和标注一般遵照向视图相应的规定，必要时允许将斜视图旋转配置。此时仍按向视图标注，且加注旋转符号，如图 4-7c 所示。旋转符号为半径等于字体高度的半圆弧，表示斜视图名称的大写拉丁字母应靠近旋转符号的箭头端，也允许将旋转角度标注在字母之后。

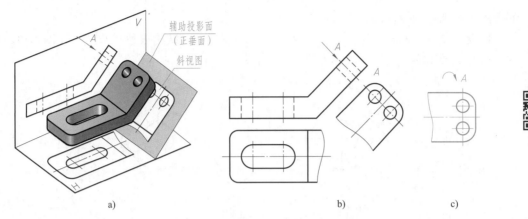

a)   b)   c)

图 4-7   倾斜结构斜视图的形成

五、综合实例

以上介绍了基本视图、向视图、局部视图和斜视图，在实际画图时，并不是每个机件的表达方案中都有这四种视图，而是根据需要灵活选用。下面以图 4-8b 所示的压紧杆为例，选择合适的表达方案。

图 4-8a 所示为压紧杆的三视图，由于压紧杆左端的耳板是倾斜的，因此俯视图和左视图均不反映实形，画图比较困难，表达不清楚，这种表达方案不可取。为了表达倾斜结构，可按图 4-8b 所示在平行于耳板的正垂面上作出耳板的斜视图，以反映耳板的实形。因为斜视图只表达压紧杆倾斜结构的局部形状，所以画出耳板的实形后用波浪线断开，其余部分的轮廓线不必画出。

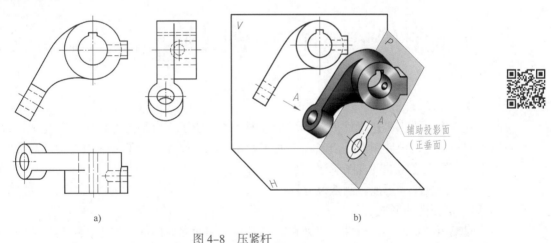

a)   b)

图 4-8   压紧杆

方案一：

如图 4-9a 所示，采用一个基本视图（主视图）、一个斜视图（A），再加上两个局部视图（其中位于右视图位置上的不必标注）。

方案二：

如图 4-9b 所示，采用一个基本视图（主视图）、一个配置在俯视图位置上的局部视图（不必标注）、一个旋转配置的斜视图 A，以及画在右端凸台附近的、按第三角画法配置的局

— 85 —

部视图（用细点画线连接，不必标注）。

比较压紧杆的两种表达方案，显然方案二不仅形状和结构表达得清楚，作图简单，而且视图布置更加紧凑，是最佳表达方案。

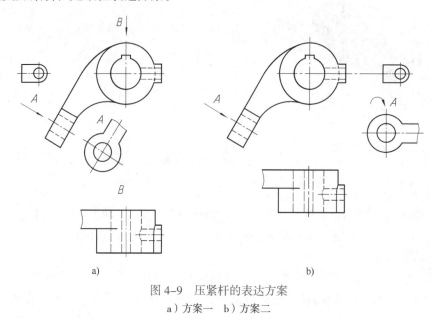

图 4-9　压紧杆的表达方案
a）方案一　b）方案二

§4-2　剖　视　图

视图主要用来表达机件的外部形状。图 4-10a 所示支座的内部结构比较复杂，视图上会出现较多细虚线而使图形不清晰，不便于看图和标注尺寸。为了清晰地表达其内部结构，常采用国家标准规定的剖视图画法。

一、剖视图的形成、画法及标注

1. 剖视图的形成

假想用剖切面剖开机件，将处在观察者与剖切面之间的部分移去，将其余部分向投影面投射所得的图形称为剖视图，简称剖视。剖视图的形成过程如图 4-10b、c 所示，图 4-10d 中的主视图即为机件的剖视图。

2. 剖面符号

机件被假想剖切后，在剖视图中，剖切面与机件接触部分称为剖面区域。为使具有材料实体的切断面（即剖面区域）与其余部分（含剖切面后面的可见轮廓线及原中空部分）明显地区别开来，应在剖面区域内画出剖面符号，如图 4-10d 主视图所示。国家标准规定了各种材料类别的剖面符号，见表 4-2。

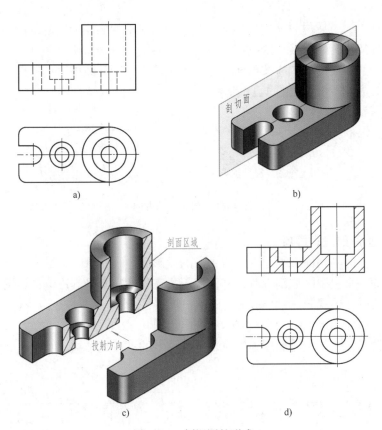

a)

b)

c)

d)

图 4-10　剖视图的形成

表 4-2　　　　　　　　　　剖面符号（摘自 GB/T 4457.5—2013）

材料名称	剖面符号	材料名称	剖面符号
金属材料（已有规定剖面符号者除外）		木质胶合板（不分层数）	
线圈绕组元件		基础周围的泥土	
转子、电枢、变压器和电抗器等的叠钢片		混凝土	
非金属材料（已有规定剖面符号者除外）		钢筋混凝土	
型砂、填砂、粉末冶金、砂轮、陶瓷刀片、硬质合金刀片等		砖	
玻璃及供观察用的其他透明材料		格网（筛网、过滤网等）	
木材	纵断面	液体	
	横断面		

注：1. 剖面符号仅表示材料的类型，材料的名称和代号另行注明。

　　2. 叠钢片的剖面线方向应与束装中叠钢片的方向一致。

　　3. 液面用细实线绘制。

在机械设计中，金属材料使用最多，为此，国家标准规定用简明易画的平行细实线作为其剖面符号，且特称为剖面线。绘制剖面线时，同一机械图样中同一零件的剖面线应方向相同、间隔相等。剖面线的间隔应按剖面区域的大小确定。剖面线的方向一般与主要轮廓或剖面区域的对称线成 45° 角，如图 4-11 所示。

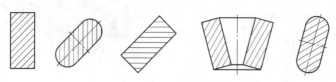

图 4-11　剖面线的方向

3. 剖视图画法的注意事项

（1）剖切机件的剖切面必须垂直于所剖切的投影面。

（2）机件的一个视图画成剖视后，其他视图的完整性应不受其影响，如图 4-10d 中的主视图画成剖视图后，俯视图一般仍应完整画出。

（3）剖切面后面的可见结构一般应全部画出（图 4-12）。

（4）一般情况下，尽量避免用细虚线表示机件上的不可见结构。

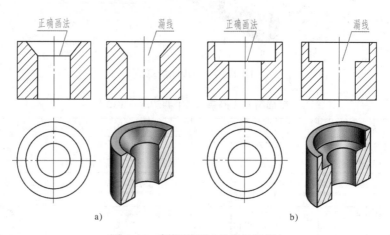

a)　　　　　　　　　　　　　　　　b)

图 4-12　剖视图画法的常见错误

4. 剖视图的标注

为便于读图，剖视图应进行标注，以标明剖切位置和指示视图间的投影关系。

（1）剖视图标注的三要素

1）剖切位置　用粗实线的短线段表示剖切面起讫和转折位置。

2）投射方向　将箭头画在剖切位置线外侧指明投射方向。

3）对应关系　将大写拉丁字母注写在剖切面起讫和转折位置旁边，并在所对应的剖视图上方注写相同的字母名称。

（2）剖视图的标注方法　剖视图的标注方法可分为三种情况，即全标、不标和省标。

1）全标　全标指上述三要素全部标出，这是基本规定（见图 4-13 中的 *A—A*）。

2）不标　不标指上述三要素均不必标注。但是，必须同时满足三个条件方可不标，即单一剖切平面通过机件的对称平面或基本对称平面剖切；剖视图按投影关系配置；剖视图与相应视图间没有其他图形隔开。图4-10d同时满足了三个不标条件，故未加任何标注。

3）省标　省标指仅满足不标条件中的后两个条件，则可省略表示投射方向的箭头，如图4-13中的 B—B。

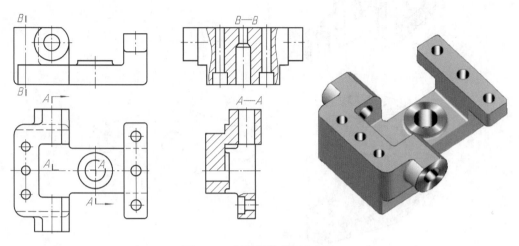

图 4-13　剖视图的配置和标注

二、剖视图的种类

根据剖切范围的大小，剖视图可分为全剖视图、半剖视图和局部剖视图。

1. 全剖视图

用剖切面完全地剖开机件所得的剖视图称为全剖视图。全剖视图一般适用于外形比较简单、内部结构较为复杂的机件，如图4-14所示。

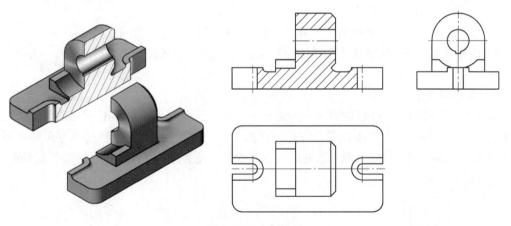

图 4-14　全剖视图

2. 半剖视图

当机件具有对称平面时，以对称平面为界，用剖切面剖开机件的一半所得的剖视图称为半剖视图。图4-15所示的机件左右对称，前后也对称，所以主视图和俯视图均采用剖切右半部分表达。

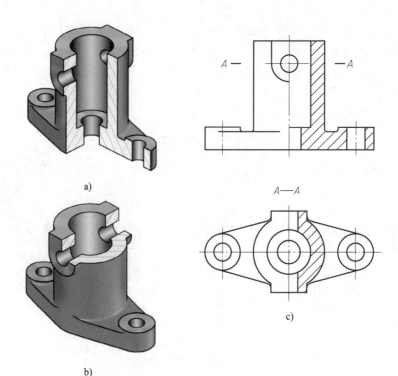

a)

b)

c)

图 4-15　半剖视图（一）

半剖视图既表达了机件的内部形状，又保留了外部形状，所以常用于表达内、外形状都比较复杂的对称机件。

当机件的形状接近对称且不对称部分已另有图形表达清楚时，也可以画成半剖视图，如图 4-16 所示。

画半剖视图时应注意以下几点：

（1）半个视图与半个剖视图的分界线用细点画线表示，而不能画成粗实线。

（2）机件的内部形状已在半剖视图中表达清楚，在另一半表达外形的视图中一般不再画出细虚线。

3. 局部剖视图

用剖切面局部地剖开机件所得的剖视图称为局部剖视图。如图 4-17 所示的机件，虽然上下、前后都对称，但由于主视图中方孔的轮廓线与对称中心线重合，因此不宜采用半剖视，这时应采用局部剖视。这样，既可表达中间方孔内部的轮廓线，又保留了机件的部分外形。

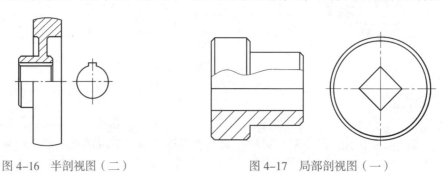

图 4-16　半剖视图（二）　　　　　　图 4-17　局部剖视图（一）

画局部剖视图时应注意以下几点：

（1）局部剖视图可用波浪线分界，波浪线应画在机件的实体上，不能超出实体轮廓线，也不能画在机件的中空处，如图4-18所示。

局部剖视图也可用双折线分界，如图4-19所示。

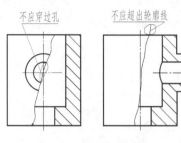

图4-18　局部剖视图（二）

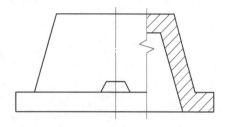

图4-19　局部剖视图（三）

（2）一个视图中，局部剖视图的数量不宜过多，在不影响外形表达的情况下，可在较大范围内画成局部剖视，以减少局部剖视图的数量。如图4-20所示的机件，主、俯视图分别用两个和一个局部剖视图表达其内部结构。

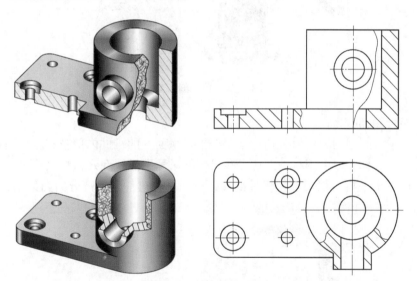

图4-20　局部剖视图（四）

（3）波浪线不应画在轮廓线的延长线上，也不能用轮廓线代替，或与图样上的其他图线重合。

三、剖切面的种类

剖视图是假想将机件剖开后投射而得到的视图。前面叙述的全剖视图、半剖视图和局部剖视图都是用平行于基本投影面的单一剖切平面剖切机件而得到的。由于机件内部结构与形状的多样性和复杂性，常需选用不同数量和位置的剖切面来剖开机件，才能把机件的内部形状表达清楚。国家标准规定，根据机件的结构特点，可选择以下剖切面：单一剖切面、几个平行的剖切面、几个相交的剖切面（交线垂直于某一投影面）。

1. 单一剖切面

单一剖切面可以是平行于基本投影面的剖切平面，也可以是不平行于基本投影面的斜剖切平面，如图 4-21 中的 *B—B*。这种剖视图一般应与倾斜部分保持投影关系，但也可配置在其他位置。为了画图和读图方便，可把视图转正，但必须按规定标注，如图 4-21 所示。

图 4-21　单一剖切面

2. 几个平行的剖切面

采用几个平行的剖切面可以表达位于几个平行平面上的机件内部结构。如图 4-22a 所示的轴承挂架左右对称，如果用单一剖切面在机件的对称平面处剖开，则上部两个小圆孔不能剖到；若采用两个平行的剖切面将机件剖开，可同时将机件上下部分的内部结构表达清楚，如图 4-22b 中的 *A—A* 剖视。

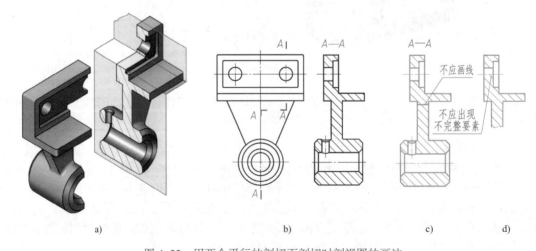

a)　　　　　　　　　　b)　　　　　　　　　　c)　　　　d)

图 4-22　用两个平行的剖切面剖切时剖视图的画法

用这类剖切面画剖视图时应注意以下几点：

（1）因为剖切面是假想的，所以不应画出剖切面转折处的投影，如图 4-22c 所示。

（2）剖视图中不应出现不完整结构要素，如图 4-22d 所示。

（3）必须在相应视图上用剖切符号表示剖切位置，在剖切面的起讫和转折处注写相同的字母。

3. 几个相交的剖切面

如图 4-23 所示为一圆盘状机件，为了在主视图上同时表达机件的这些结构，只有用两个相交的剖切面剖开机件。图 4-24 所示的机件是用三个相交的剖切面剖开机件来表达内部结构的实例。

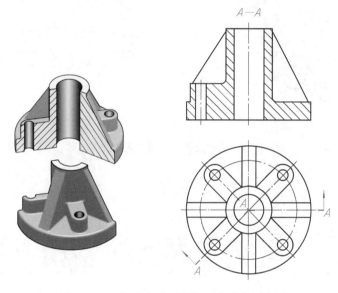

图 4-23　用两个相交的剖切面获得的剖视图

采用这种剖切面画剖视图时应注意以下几点：

（1）相邻两剖切平面的交线应垂直于某一投影面。

（2）用几个相交的剖切面剖开机件绘图时，应先剖切后旋转，使剖开的结构及其有关部分旋转至与某一选定的投影面平行后再投射。此时旋转部分的某些结构与原图形不再保持投影关系，如图 4-25 机件中倾斜部分的剖视图所示。在剖切面后面的其他结构一般仍应按原来位置投影，如图 4-25 机件中剖切面后面的小圆孔所示。

（3）采用相交剖切面剖切后，应对剖视图加以标注。

应该指出，上述三种剖切面可以根据机件内部形状特征的表达需要在三种剖视图中选用。

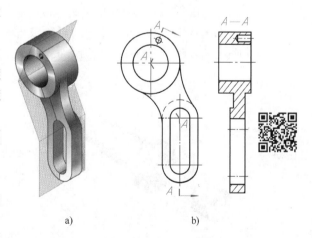

a)　　　　　　b)

图 4-24　用三个相交的剖切面
　　　　获得的剖视图

— 93 —

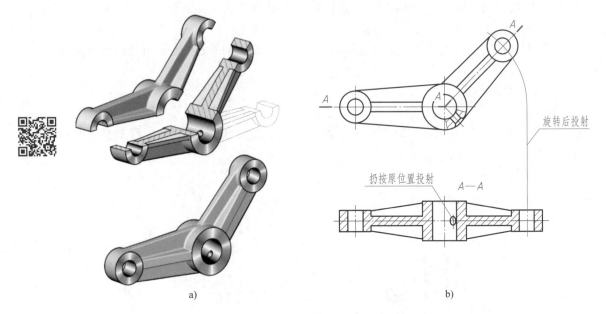

a)

b)

旋转后投射

扔按原位置投射

A—A

图 4-25　用相交剖切面剖切应注意的问题

§4-3　断　面　图

一、断面图的概念

假想用剖切面将机件的某处切断，仅画出其断面的图形，称为断面图，简称断面。

如图 4-26a 所示的轴，为了表示键槽的深度和宽度，假想在键槽处用垂直于轴线的剖切平面将轴切断，只画出断面的形状，并在断面上画出剖面线，如图 4-26b 所示。

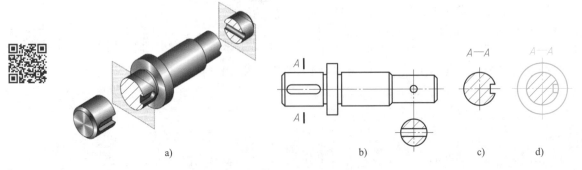

a)

b)

c)

d)

图 4-26　断面图与剖视图的比较

断面图与剖视图是两种不同的表示法，两者虽然都是先假想剖开机件后再投射，但是，剖视图不仅要画出被剖切面切到的部分，一般还应画出剖切面后面的可见部分，如图 4-26d 所示，而断面图则仅画出被剖切面切断的断面形状，如图 4-26c 所示。按断面图的位置不同，可将其分为移出断面图和重合断面图。

　　二、移出断面图

　　画在视图之外的断面图称为移出断面图。移出断面图的轮廓线用粗实线绘制。由两个或多个相交的剖切面获得的移出断面图，中间一般应断开，如图 4-27 所示。

图 4-27　由两个相交的剖切面
获得的移出断面图

　　当剖切面通过回转面形成的孔或凹坑的轴线（图 4-28a），或通过非圆孔会导致出现完全分离的断面时（图 4-28b），则这些结构按剖视图要求绘制。

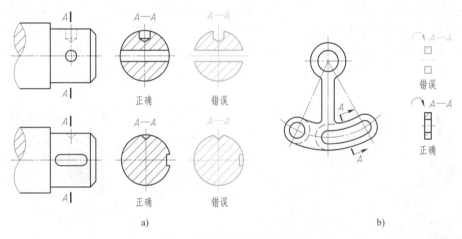

a)　　　　　　　　　　　　b)

图 4-28　断面图的特殊画法

　　画出移出断面图后应按国家标准规定进行标注。剖视图标注的三要素同样适用于移出断面图。移出断面图的配置及标注方法见表 4-3。

表 4-3　　　　　　　　　　　　移出断面图的配置及标注方法

配置	对称的移出断面图	不对称的移出断面图
配置在剖切线或剖切符号延长线上	剖切线（细点画线）	
	不必标注字母和剖切符号	不必标注字母
按投影关系配置	A—A	A—A
	不必标注箭头	不必标注箭头

続表

配置	对称的移出断面图	不对称的移出断面图
配置在其他位置		
	不必标注箭头	应标注剖切符号（含箭头）和字母

三、重合断面图

将断面图形画在视图之内的断面图称为重合断面图，如图 4-29a 所示。重合断面图的轮廓线用细实线绘制。当视图中的轮廓线与重合断面图重叠时，视图中的轮廓线仍应连续画出，不可间断，如图 4-29b 所示。

重合断面图的标注规定不同于移出断面图。对称的重合断面图不必标注，如图 4-29a 所示；对于不对称的重合断面图，在不致引起误解时可省略标注，如图 4-29b 所示。

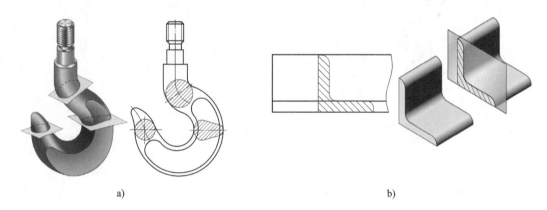

a)   b)

图 4-29 重合断面图

§4-4 局部放大图和简化表示法

一、局部放大图（GB/T 4458.1—2002）

当按一定比例画出机件的视图时，其上的细小结构常常会表达不清，且难以标注尺寸，此时可局部地另行画出这些结构的放大图，如图 4-30 所示。这种将机件的部分结构用大于原图形的比例画出的图形称为局部放大图。局部放大图可画成视图，也可画成剖视图或断面图，与被放大部分的表示法无关。

— 96 —

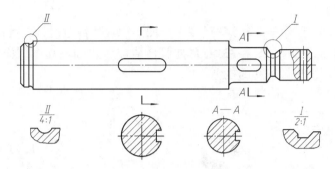

图 4-30　局部放大图

局部放大图应尽量配置在被放大部位的附近。绘制局部放大图时，除螺纹牙型、齿轮和链轮的齿形外，应用细实线圈出被放大部位，如图 4-30 所示。当同一机件上有几处被放大时，应用罗马数字编号，并在局部放大图上方标注出相应的罗马数字和所采用的比例。

二、简化画法（GB/T 16675.1—2012）

1．对称机件的视图可只画一半或 1/4，并在对称中心线的两端画两条与其垂直的平行细实线，如图 4-31 所示。这种简化画法（用细点画线代替波浪线作为断裂边界线）是局部视图的一种特殊画法。

2．在不致引起误解时，对于图形中用细实线绘制的过渡线（图 4-32a）和用粗实线绘制的相贯线（图 4-32b），可以用圆弧或直线代替非圆曲线（图 4-32c），也可以用模糊画法表示相贯线（图 4-32d）。

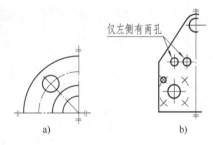

图 4-31　对称机件的局部视图

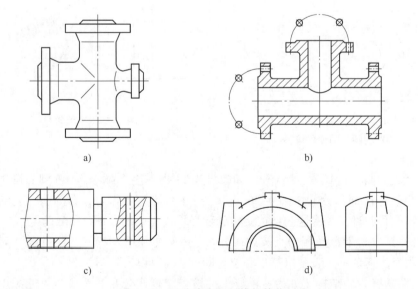

图 4-32　过渡线和相贯线的简化画法

圆柱形法兰和类似零件上均匀分布的孔，可按图 4-32b 所示的方法表示（由机件外向该法兰端面方向投射）。

3. 当机件上有较小结构及斜度等已在一个图形中表达清楚时，在其他图形中可简化表示或省略，如图 4-33 所示。图 4-33a 中的主视图省略了平面斜切圆柱面后截交线的投影，图 4-33b 中的俯视图简化了锥孔的投影。

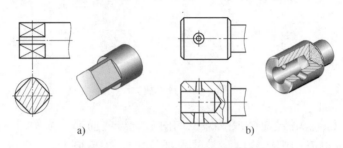

图 4-33　机件上较小结构的简化表示

4. 机件中与投影面倾斜角度不大于 30° 的圆或圆弧的投影可用圆或圆弧画出，如图 4-34 所示。

5. 当不能充分表达回转体零件表面上的平面时，可用平面符号（相交的两条细实线）表示，如图 4-35 所示。

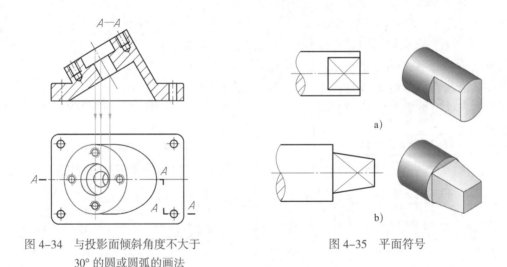

图 4-34　与投影面倾斜角度不大于　　　　图 4-35　平面符号
30° 的圆或圆弧的画法

6. 对于机件的肋、轮辐及薄壁等，如按纵向剖切，这些结构都不画剖面符号，而用粗实线将它们与其邻接部分分开（图 4-36a）。当零件回转体上均匀分布的肋、轮辐、孔等结构不处于剖切平面上时，可将这些结构旋转到剖切平面上画出（图 4-36b）。

7. 当机件具有若干直径相同且按规律分布的孔（如圆孔、螺孔、沉孔等）时，可以仅画出一个或几个，其余只需表示出其中心位置即可（图 4-37）。

8. 当机件具有相同结构（如齿、槽等）并按一定规律分布时，应尽可能减少相同结构的重复绘制，只需画出几个完整的结构，其余可用细实线连接（图 4-38）。

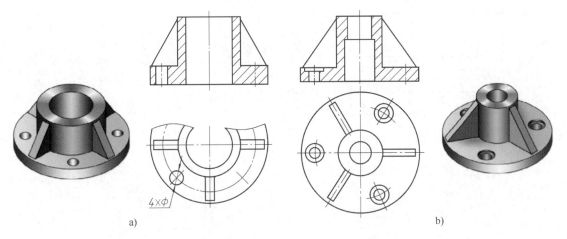

图 4-36　机件的肋、轮辐、孔等结构画法

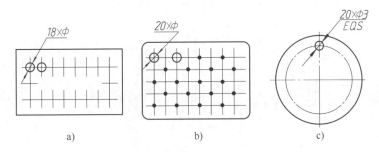

图 4-37　按规律分布的等直径孔

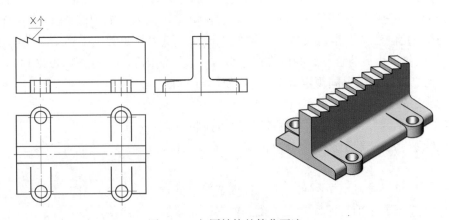

图 4-38　相同结构的简化画法

9. 较长机件（如轴、型材、连杆等）沿长度方向的形状一致或按一定规律变化时，可断开后缩短绘制，但尺寸仍按机件的设计要求标注（图 4-39）。

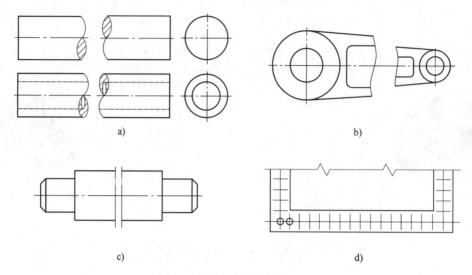

a)   b)

c)   d)

图 4-39　较长机件的简化画法

§4-5　第三角画法

国家标准《技术制图　图样画法　视图》（GB/T 17451—1998）规定："技术图样应采用正投影法绘制，并优先采用第一角画法。"世界上大多数国家，如中国、法国、英国、德国等都采用第一角画法。但是，美国、加拿大、日本、澳大利亚等则采用第三角画法。为了便于国际间的技术交流与合作，我国在国家标准《技术制图　投影法》（GB/T 14692—2008）中规定："必要时（如按合同规定等），允许使用第三角画法。"

一、第三角画法与第一角画法的区别

图 4-40 所示为三个互相垂直相交的投影面将空间分为八个部分，每一部分为一个分角，依次为Ⅰ～Ⅷ分角。

1. 投射空间与投射顺序不同。将机件放在第一分角内（H 面之上，V 面之前，W 面之左）得到的多面正投影称为第一角画法；将机件放在第三分角内（H 面之下，V 面之后，W 面之左）得到的多面正投影称为第三角画法。第一角画法的投射顺序是观察者→机件→投影面；而第三角画法的投射顺序是观察者→投影面（透明的）→机件，如图 4-41 所示。

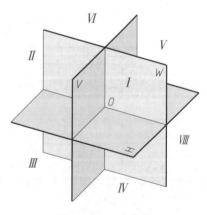

图 4-40　八个分角

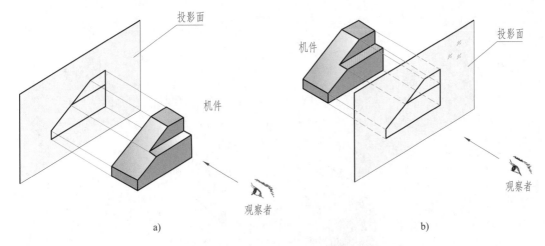

图 4-41　第一角画法与第三角画法的投射顺序不同

a）第一角画法投射顺序　b）第三角画法投射顺序

2. 三视图形成方式相近，展成方向不同，三视图配置不同。在第三角画法中，在 V 面上形成自前方投射所得的主视图，在 H 面上形成自上方投射所得的俯视图，在 W 面上形成自右方投射所得的右视图，如图 4-42b 所示。令 V 面保持正立位置不动，将 H 面、W 面分别绕它们与 V 面的交线向上、向右旋转 90°，与 V 面展成同一个平面，得到机件的三视图。与第一角画法类似，采用第三角画法的三视图也有下述特性（即多面正投影的投影规律）：主、俯视图长对正，主、右视图高平齐，俯、右视图宽相等。

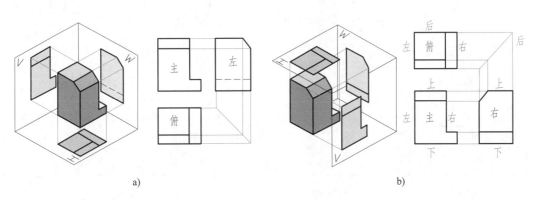

图 4-42　第一角画法与第三角画法的对比

a）第一角画法　b）第三角画法

3. 基本视图配置不同，但六个视图名称一样。与第一角画法一样，第三角画法也有六个基本视图。将机件向正六面体的六个平面（基本投影面）进行投射，然后按图 4-43 所示的方法展开，即得六个基本视图，它们相应的配置如图 4-44a 所示。

4. 第三角画法与第一角画法在各自的投影面体系中，观察者、机件、投影面三者之间的相对位置不同，决定了它们六个基本视图配置关系的不同，但六个基本视图名称一致。

思考

比较图 4-44 所示第一角画法与第三角画法的六个基本视图中相同名称视图的配置。

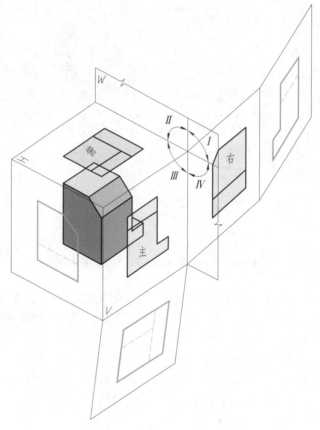

图 4-43　第三角画法的六个基本视图及其展开

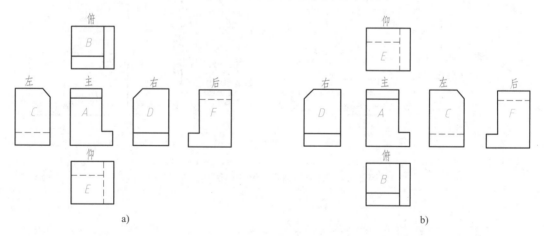

a)　　　　　　　　　　　　　　　　　　　b)

图 4-44　第三角画法与第一角画法六个基本视图的对比

a）第三角画法　b）第一角画法

二、第三角画法与第一角画法的投影符号

　　为了便于识别不同视角的画法，国家标准《技术制图　图纸幅画和格式》（GB/T 14689—2008）规定采用投影符号（图 4-45）。第三角画法的投影符号如图 4-45a 所示；第一角画法的投影符号如图 4-45b 所示。该符号一般放在标题栏中名称及代号区的下方。

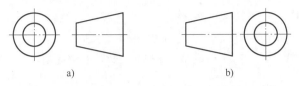

图 4-45　第三角画法与第一角画法的投影符号

a）第三角画法　b）第一角画法

采用第三角画法时，必须在图样中画出投影符号；采用第一角画法时，在图样中一般不必画出投影符号。投影符号采用粗实线和细点画线绘制，其中粗实线的线宽不小于0.5 mm。

例 4-1　根据弯板轴测图（图 4-46a），按第三角画法画出物体的三视图。

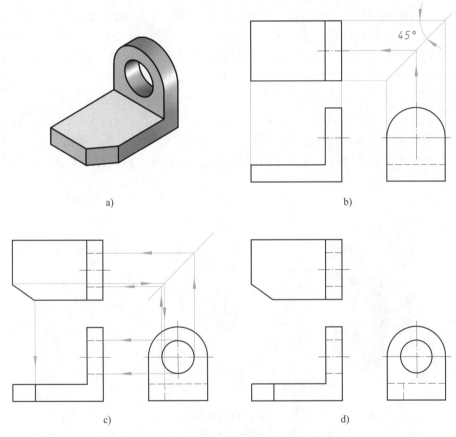

图 4-46　按第三角画法画三视图的步骤

a）轴测图　b）画整体　c）画局部　d）描深

分析

弯板由长方体底板和圆柱拱形竖板组合而成，其中底板缺左前角，竖板中间有通孔。为了便于把握视图的方位关系，通常利用 45° 线法作图。

作图

（1）画三个视图的基准线，画各组成部分的基本体轮廓，如图 4-46b 所示，先画有形状特征的视图，再按投影关系画出其他视图。

（2）画局部结构，如切角、通孔等，如图 4-46c 所示。

（3）擦掉多余的作图线，描深后完成三视图，如图 4-46d 所示。

§4-6　表示法综合应用实例

表达机件常要运用视图、剖视图、断面图、简化画法等各种表示法，将机件的内、外结构与形状及形体间的相对位置完整、清晰地展示出来。选择机件的表达方案时，应根据机件的结构特点，首先考虑看图方便，在完整、清晰地表达机件结构和形状的前提下，力求作图简便，一般可同时拟定几种方案，经过分析、比较，最后选择一个最佳方案。

例 4-2　图 4-47b 用四个图形表达了图 4-47a 所示机件。主视图采用了局部剖视，它既表达了肋、圆柱和斜板的外部结构与形状，又表达了上部圆柱的通孔以及下部斜板上四个小通孔的内部形状。为了表达清楚上部圆柱与十字肋的相对位置关系，采用了一个局部视图；为了表达十字肋的截断面形状，采用了移出断面图；为了表达斜板实形及其与十字肋的相对位置，采用了一个斜视图 "$A \frown$"。

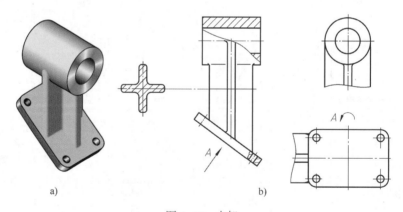

a)　　　　　　　　　　　　　　　　　b)

图 4-47　支架

例 4-3　根据图 4-5 所示机件的一组视图，重新选择合适的表达方案。

分析

原方案中用四个视图表达了较复杂的箱型机件，但其内部结构复杂，用细虚线表示四个不同孔贯通在主视图上不够清晰，也不便于标注尺寸，可考虑改成全剖视图；俯视图主要应表达法兰盘形状及其与中间的大圆管和肋板的连接位置关系，改用全剖视图表达更清楚、合理。重新选择的机件表达方案如图 4-48 所示。

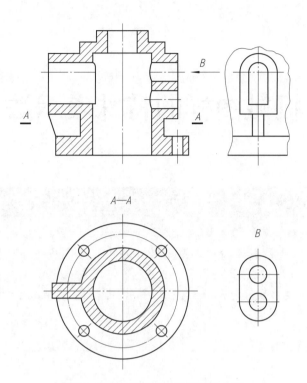

图 4-48　重新选择的机件表达方案

课堂实训

识读物体三视图（图 4-49），将其转化成第一角画法，并选择合适的表达方案。

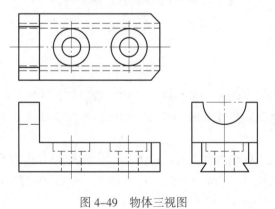

图 4-49　物体三视图

■第5章■

机械图样的特殊表示法

本章提要

在机械设备和仪器仪表的装配及安装过程中，广泛使用螺栓、螺钉、螺母、键、销、滚动轴承等零件，国家标准对这些零件的结构、规格尺寸和技术要求做了统一规定，实行了标准化，所以统称为标准件。此外，国家标准对齿轮等常用机件的部分结构要素实行了标准化。为了减少设计和绘图工作量，国家标准对上述常用机件以及某些多次重复出现的结构要素（如紧固件上的螺纹或齿轮上的轮齿等）规定了简化的特殊表示法。

§5-1 螺纹及螺纹紧固件表示法

一、螺纹的形成

螺纹是在圆柱或圆锥表面上，具有相同牙型、沿螺旋线连续凸起的牙体。在圆柱或圆锥外表面上形成的螺纹称为外螺纹（图5-1a），在圆柱或圆锥内表面上形成的螺纹称为内螺纹（图5-1b）。

形成螺纹的加工方法有很多，图5-1a、b所示为在车床上车削外螺纹和内螺纹。若加工直径较小的螺孔，可如图5-1c所示，先用钻头钻孔（钻孔的底部应画成120°），再用丝锥攻制内螺纹。

二、螺纹的结构要素

内、外螺纹总是成对使用的，只有当内、外螺纹的牙型、公称直径、线数、螺距和导程、旋向几个要素完全一致时，才能正常地旋合。螺纹结构的五要素见表5-1。

三、螺纹的画法规定

螺纹属于标准结构要素，如按其真实投影绘制将会非常烦琐，为此，国家标准《机械制图 螺纹及螺纹紧固件表示法》（GB/T 4459.1—1995）中规定了螺纹的画法，见表5-2。

— 106 —

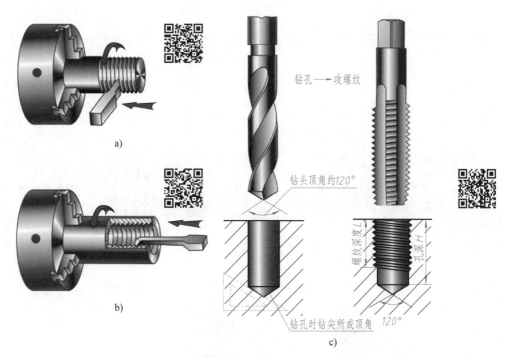

图 5-1　螺纹的加工方法

a）加工外螺纹　b）加工内螺纹　c）加工直径较小的螺孔

表 5-1　　　　　　　　　　　　　螺纹结构的五要素

要素	图例	说明
牙型	三角形　梯形　管螺纹	牙型是指通过螺纹轴线断面上的螺纹轮廓形状。常见的三角形螺纹用于连接或紧固，梯形螺纹用于传动，管螺纹用于密封
直径	外螺纹　内螺纹	螺纹有三个直径： 大径：螺纹的最大直径，又称公称直径，内、外螺纹分别用字母 D、d 表示 小径：与外螺纹牙底或内螺纹牙顶相切的假想圆柱或圆锥的直径，内、外螺纹分别用字母 D_1、d_1 表示 中径：假想圆柱或圆锥的直径，该圆柱或圆锥的母线通过螺纹牙型上沟槽和牙厚宽度相等的地方，内、外螺纹分别用字母 D_2、d_2 表示

要素	图例	说明
线数	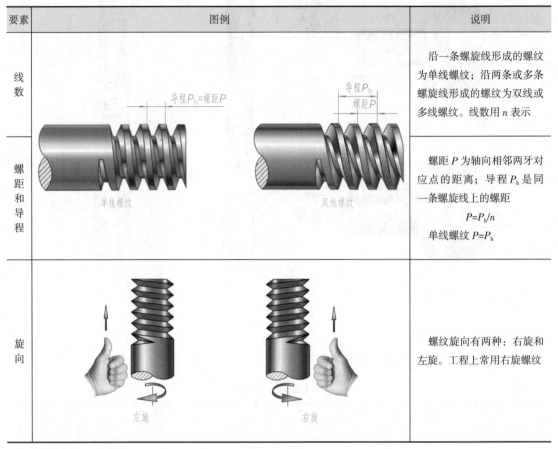	沿一条螺旋线形成的螺纹为单线螺纹；沿两条或多条螺旋线形成的螺纹为双线或多线螺纹。线数用 n 表示
螺距和导程		螺距 P 为轴向相邻两牙对应点的距离；导程 P_h 是同一条螺旋线上的螺距 $P=P_h/n$ 单线螺纹 $P=P_h$
旋向		螺纹旋向有两种：右旋和左旋。工程上常用右旋螺纹

表 5-2   螺纹的画法规定

表示对象	画法规定	说明
外螺纹	a) b)	1. 牙顶线（大径）用粗实线表示 2. 牙底线（小径）用细实线表示，小径按大径的 0.85 倍画出，螺杆的倒角或倒圆部分也应画出 3. 在投影为圆的视图中，表示牙底的细实线只画约 3/4 圈，此时轴上的倒角省略不画 4. 螺纹终止线用粗实线表示

表示对象	画法规定	说明
内螺纹	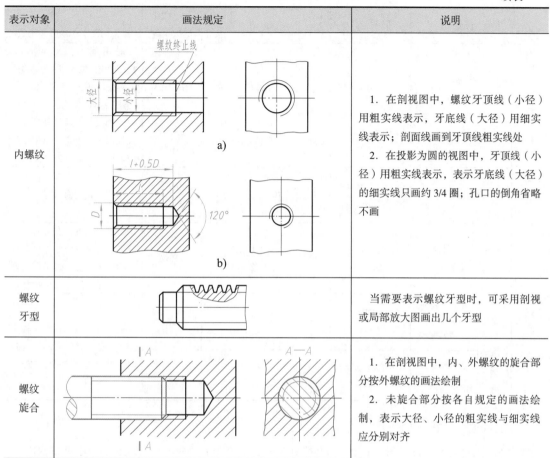	1. 在剖视图中，螺纹牙顶线（小径）用粗实线表示，牙底线（大径）用细实线表示；剖面线画到牙顶线粗实线处 2. 在投影为圆的视图中，牙顶线（小径）用粗实线表示，表示牙底线（大径）的细实线只画约 3/4 圈；孔口的倒角省略不画
螺纹牙型		当需要表示螺纹牙型时，可采用剖视或局部放大图画出几个牙型
螺纹旋合		1. 在剖视图中，内、外螺纹的旋合部分按外螺纹的画法绘制 2. 未旋合部分按各自规定的画法绘制，表示大径、小径的粗实线与细实线应分别对齐

四、螺纹的图样标注

无论哪种螺纹，若按上述规定画法画出，在图上均不能反映它的牙型、螺距、线数和旋向等结构要素，因此，必须按规定的标记在图样上进行标注。

1. 螺纹的标记规定

常用标准螺纹的标记规定见表 5-3，标准规定的各螺纹标记方法不尽相同。

表 5-3   常用标准螺纹的标记规定

螺纹类别		标准编号	特征代号	标记示例	螺纹副标记示例	说明
紧固螺纹	普通螺纹	GB/T 197—2018	M	M8×1—LH M8 M16×Ph6P2—5g6g—L	M20—6H/5g6g	粗牙不注螺距，左旋时末尾加"—LH" 中等公差精度（如 6H、6g 等）不注公差带代号；中等旋合长度不注 N（下同） 多线时注出 Ph（导程）、P（螺距）

— 109 —

螺纹类别		标准编号	特征代号	标记示例	螺纹副标记示例	说明
紧固螺纹	小螺纹	GB/T 15054.2—2018	S	S0.8—4H5 S1.2LH—5h3	S0.9—4H5/5h3	适用范围为 0.3~1.4 mm；标记中末位的 5 和 3 为顶径公差等级。顶径公差带位置仅有一种，故只注等级，不注位置
传动螺纹	梯形螺纹	GB/T 5796.4—2022	Tr	Tr40×7—7H Tr40×14P7 LH—7e	Tr36×6—7H/7c	公称直径一律用外螺纹的大径表示；仅需给出中径公差带代号；无短旋合长度
传动螺纹	锯齿形螺纹	GB/T 13576.4—2008	B	B40×7—7a B40×14（P7） LH—8c—L	B40×7—7A/7c	标记格式同梯形螺纹
管螺纹	55° 非密封管螺纹	GB/T 7307—2001	G	G1½A G1/2—LH	G1½A	外螺纹需注出公差等级 A 或 B；内螺纹公差等级只有一种，故不注；表示螺纹副时，仅需标注外螺纹的标记
管螺纹	55°密封管螺纹 圆锥外螺纹	GB/T 7306.1—2000	R_1	$R_1 3$	Rp/$R_1$3	内、外螺纹均只有一种公差带，故不注；表示螺纹副时，尺寸代号只注写一次
管螺纹	55°密封管螺纹 圆柱内螺纹	GB/T 7306.1—2000	Rp	Rp1/2	Rp/$R_1$3	内、外螺纹均只有一种公差带，故不注；表示螺纹副时，尺寸代号只注写一次
管螺纹	55°密封管螺纹 圆锥外螺纹	GB/T 7306.2—2000	R_2	$R_2$3/4	Rc/$R_2$3/4	内、外螺纹均只有一种公差带，故不注；表示螺纹副时，尺寸代号只注写一次
管螺纹	55°密封管螺纹 圆锥内螺纹	GB/T 7306.2—2000	Rc	Rc1½—LH	Rc/$R_2$3/4	内、外螺纹均只有一种公差带，故不注；表示螺纹副时，尺寸代号只注写一次

（1）普通螺纹标记的表达式

| 特征代号 | 公称直径 | × | Ph 导程 ×P 螺距 | — | 公差带代号 [1] | — | 旋合长度代号 | — | 旋向代号 |

普通多线螺纹标记示例：

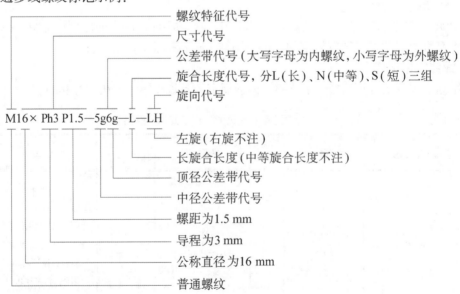

- 螺纹特征代号
- 尺寸代号
- 公差带代号（大写字母为内螺纹，小写字母为外螺纹）
- 旋合长度代号，分L（长）、N（中等）、S（短）三组
- 旋向代号

M16× Ph3 P1.5—5g6g—L—LH

- 左旋（右旋不注）
- 长旋合长度（中等旋合长度不注）
- 顶径公差带代号
- 中径公差带代号
- 螺距为1.5 mm
- 导程为3 mm
- 公称直径为16 mm
- 普通螺纹

---

[1] 有关公差带的概念将在第 6 章中叙述。

普通单线螺纹标记示例：

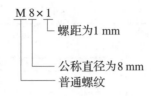

M 8 × 1
├── 螺距为1 mm
├── 公称直径为8 mm
└── 普通螺纹

（2）梯形螺纹标记的表达式

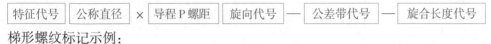

| 特征代号 | 公称直径 | × | 导程P 螺距 | 旋向代号 | — | 公差带代号 | — | 旋合长度代号 |

梯形螺纹标记示例：

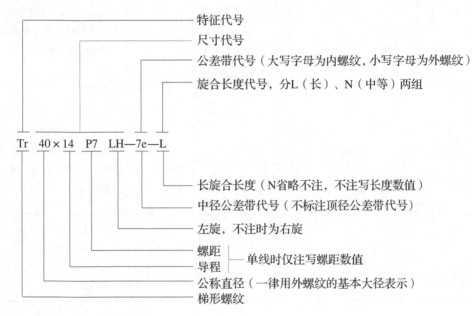

特征代号
尺寸代号
公差带代号（大写字母为内螺纹，小写字母为外螺纹）
旋合长度代号，分L（长）、N（中等）两组

Tr 40×14 P7 LH—7e—L

长旋合长度（N省略不注，不注写长度数值）
中径公差带代号（不标注顶径公差带代号）
左旋，不注时为右旋
螺距
导程 ┤ 单线时仅注写螺距数值
公称直径（一律用外螺纹的基本大径表示）
梯形螺纹

2. 螺纹标记的图样标注

标准螺纹的标记应直接注在大径的尺寸线上或其引出线上。常用螺纹的标注示例见表5-4。

表5-4 常用螺纹的标注示例

螺纹种类	特征代号		标记的标注图例	标记说明
连接螺纹	普通螺纹	M	粗牙 M20	公称直径为20 mm，右旋粗牙普通螺纹不标螺距。中等公差（如6h、6H）不标公差带代号，中等旋合长度N可省略不标
			细牙 M24×1.5—7H	公称直径为24 mm，螺距为1.5 mm，中径、顶径公差带代号均为7H（内螺纹公差带代号用大写字母）

螺纹种类		特征代号	标记的标注图例	标记说明
连接螺纹	管螺纹	G	G1/2A	55° 非密封圆柱外螺纹，尺寸代号为 1/2，公差等级为 A 级，右旋
		R₁ Rp R₂ Rc	Rc1/2	55° 密封圆锥内螺纹，尺寸代号为 1/2，内、外螺纹均只有一种公差带，故不标注
传动螺纹	梯形螺纹	Tr	Tr28×10P5LH—7H	公称直径为 28 mm，导程为 10 mm，螺距为 5 mm，左旋（LH），中径公差带代号为 7H，中等旋合长度，双线梯形螺纹
	锯齿形螺纹	B	B36×6—7e	公称直径为 36 mm，螺距为 6 mm，中径公差带代号为 7e，中等旋合长度，单线锯齿形螺纹

五、常用螺纹紧固件的种类和标记

常用螺纹紧固件有螺栓、螺柱、螺母和垫圈等，如图 5-2 所示。由于螺纹紧固件的结构和尺寸均已标准化，使用时按规定标记直接外购即可。表 5-5 所列为常用螺纹紧固件及其标记示例。

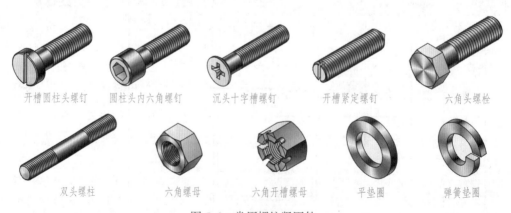

开槽圆柱头螺钉　　圆柱头内六角螺钉　　沉头十字槽螺钉　　开槽紧定螺钉　　六角头螺栓

双头螺柱　　　　六角螺母　　　六角开槽螺母　　　平垫圈　　　弹簧垫圈

图 5-2　常用螺纹紧固件

名称及标准号	图例及规格尺寸	标记示例及说明
六角头螺栓——A级和B级 GB/T 5782—2016		螺栓 GB/T 5782 M8×40 螺纹规格 d=M8、公称长度 l=40 mm、性能等级为8.8级、表面氧化、A级的六角头螺栓
双头螺柱——A型和B型 GB/T 897—1988 GB/T 898—1988 GB/T 899—1988 GB/T 900—1988		螺柱 GB/T 897 M8×35 两端均为粗牙普通螺纹、螺纹规格 d=M8、公称长度 l=35 mm、性能等级为4.8级、不经表面处理、B型、b_m=1d 的双头螺柱
1型六角螺母——A级和B级 GB/T 6170—2015		螺母 GB/T 6170 M8 螺纹规格 D=M8、性能等级为10级、不经表面处理、A级的1型六角螺母
平垫圈——A级 GB/T 97.1—2002		垫圈 GB/T 97.1 8 200HV 标准系列、公称规格8 mm、硬度等级为200HV级、不经表面处理的平垫圈
标准型弹簧垫圈 GB/T 93—1987		垫圈 GB/T 93 8 规格为8 mm、材料为65Mn、表面氧化的标准型弹簧垫圈
开槽沉头螺钉 GB/T 68—2016		螺钉 GB/T 68 M8×30 螺纹规格 d=M8、公称长度 l=30 mm、性能等级为4.8级、不经表面处理的开槽沉头螺钉

六、螺纹紧固件的连接画法

针对螺纹紧固件的连接画法先做以下基本规定：当剖切平面通过螺杆的轴线时，螺栓、螺柱、螺钉以及螺母、垫圈等均按未剖切绘制；在剖视图上，两零件接触表面画一条线，不接触表面画两条线；相接触两零件的剖面线方向相反。

常用螺纹紧固件的连接形式有螺栓连接（图 5-3a）、螺柱连接（图 5-3b）和螺钉连接（图 5-3c）三种。由于装配图主要用于表达零部件之间的装配关系，因此，装配图中的螺纹紧固件不仅可按上述画法的基本规定简化地表示，而且图形中的各部分尺寸也可简便地按比例画法绘制。

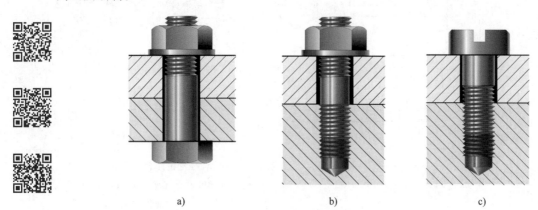

图 5-3　螺栓、螺柱、螺钉连接
a）螺栓连接　b）螺柱连接　c）螺钉连接

1. 螺栓连接（图 5-4）

螺栓适用于连接两个不太厚的并能钻成通孔的零件。连接时将螺栓穿过两被连接零件的光孔（孔径比螺栓大径略大，一般可按 $1.1d$ 画出），套上垫圈，然后用螺母紧固。

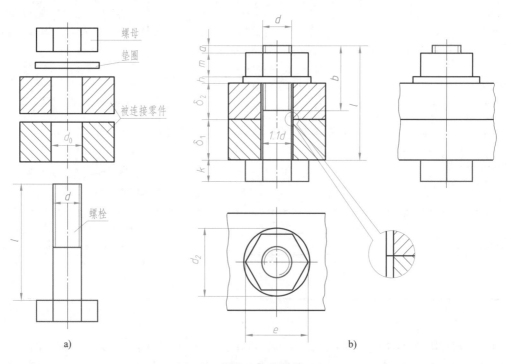

图 5-4　螺栓连接的简化画法
a）连接前　b）连接后

螺栓的公称长度 $l \geqslant \delta_1 + \delta_2 + h + m + a$（查表计算后取最短的标准长度）。

根据螺纹公称直径 d 按下列比例作图：

$$b = 2d \quad h = 0.15d \quad m = 0.8d \quad a = 0.3d \quad k = 0.7d \quad e = 2d \quad d_2 = 2.2d$$

2. 螺柱连接（图 5-5）

当被连接零件之一较厚，不允许被钻成通孔时，可采用螺柱连接。螺柱的两端均制有螺纹。连接前，先在较厚的零件上制出螺孔，再在另一零件上加工出通孔，如图 5-5a 所示；将螺柱的一端（称旋入端）全部旋入螺孔内，再在另一端（称紧固端）套上制出通孔的零件，加上垫圈，拧紧螺母，即完成螺柱连接，其连接图如图 5-5b 所示。

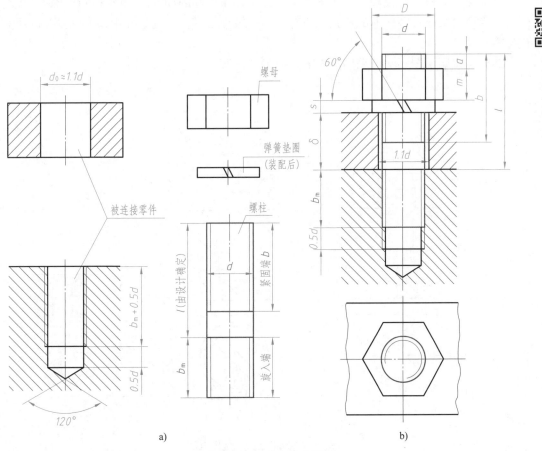

图 5-5　螺柱连接的简化画法

a）连接前　b）连接后

为保证连接强度，螺柱旋入端的长度 b_m 随被旋入零件（机体）材料的不同而有以下四种规格：

$b_m = 1d$（GB/T 897—1988）用于钢或青铜、硬铝

$b_m = 1.25d$（GB/T 898—1988）
$b_m = 1.5d$（GB/T 899—1988） } 用于铸铁

$b_m = 2d$（GB/T 900—1988）用于铝或其他较软材料

螺柱的公称长度 l 可按下式计算：

$$l \geqslant \delta + s + m + a \text{（查表计算后取最短的标准长度）}$$

图 5-5 中的垫圈为弹簧垫圈，可用来防止螺母松动。弹簧垫圈开槽的方向为阻止螺母松动的方向，画成与水平线成 60°角且向左上倾斜的两条平行粗线或一条加粗线（线宽为粗实线线宽的 2 倍）。按比例作图时，取 $s=0.2d$，$D=1.5d$。

3. 螺钉连接

螺钉按用途不同通常可分为连接螺钉和紧定螺钉两种，前者用于连接零件，后者用于固定零件。

（1）连接螺钉　连接螺钉用于受力不大和不经常拆卸的场合。如图 5-6 所示，装配时将螺钉直接穿过被连接零件上的通孔，再拧入另一被连接零件上的螺孔中，靠螺钉头部压紧被连接零件。

螺钉连接装配图画法可采用图 5-6 所示的比例画法。

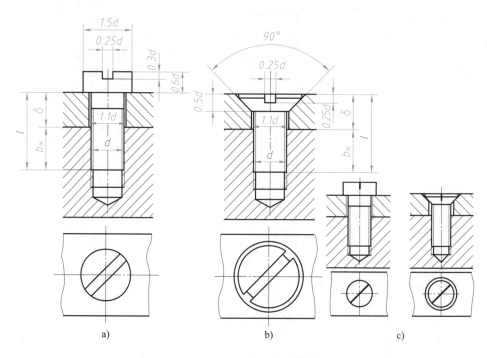

图 5-6　螺钉连接装配图画法

螺钉的公称长度为：

$$l = b_m + \delta$$

式中，b_m 的取值方式与螺柱连接相同。按公称长度的计算值 l 查表确定标准长度。

画螺钉连接装配图时应注意：在螺钉连接中螺纹终止线应高于两个被连接零件的结合面（图 5-6a），表示螺钉有拧紧的余地，保证连接紧固；或者在螺杆的全长上都有螺纹（图 5-6b）。螺钉头部一字槽（或十字槽）的投影可以涂黑表示，线宽为粗实线线宽的 2 倍，在投影为圆的视图上，这些槽应画成 45° 倾斜线，如图 5-6c 所示。

（2）紧定螺钉　紧定螺钉用来固定两个零件的相对位置，使它们不产生相对运动。如

图 5-7 中的轴和齿轮（图中齿轮仅画出轮毂部分），用一个开槽锥端紧定螺钉旋入轮毂的螺孔中，使螺钉端部的 90° 锥顶压紧轴上的 90° 锥坑，从而固定了轴和齿轮的相对位置。

　　螺纹紧固件各部分的尺寸可由附表 1～附表 6 查得。

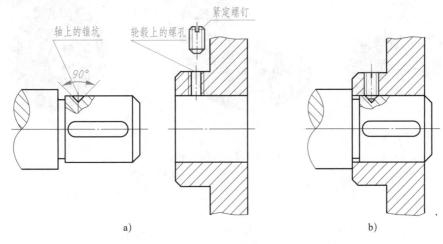

图 5-7　紧定螺钉连接画法
a）连接前　b）连接后

§5-2　齿　轮

　　齿轮是广泛用于机器或部件中的传动零件，它不仅可以用来传递动力，还能改变转速和回转方向。

　　如图 5-8 所示为三种常见的齿轮传动形式：圆柱齿轮通常用于平行两轴之间的传动（图 5-8a），锥齿轮用于相交两轴之间的传动（图 5-8b），蜗杆与蜗轮则用于交错两轴之间的传动（图 5-8c）。

　　本节主要介绍直齿圆柱齿轮的基本参数及画法规定。

一、直齿圆柱齿轮各几何要素及尺寸关系（图 5-9）

1. 齿顶圆直径（d_a）

通过轮齿顶部的圆的直径。

2. 齿根圆直径（d_f）

通过轮齿根部的圆的直径。

3. 分度圆直径（d）

分度圆是一个约定的假想圆，齿轮的轮齿尺寸均以此圆直径为基准确定，该圆上的齿厚 s 与槽宽 e 相等。这里 s 和 e 均为弧长。

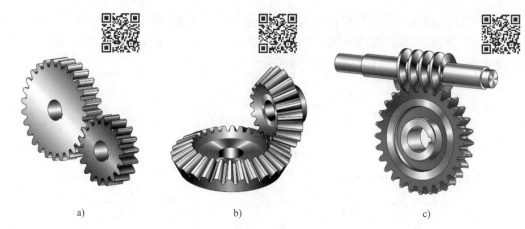

图 5-8　常见的齿轮传动

a）圆柱齿轮　b）锥齿轮　c）蜗杆与蜗轮

4. 齿高（h）

齿顶圆与齿根圆之间的径向距离。其中齿顶圆与分度圆之间的径向距离称为齿顶高（h_a），齿根圆与分度圆之间的径向距离称为齿根高（h_f）。由图 5-9 可知，$h=h_a+h_f$。

5. 齿距（p）

相邻两齿同侧齿廓之间的分度圆弧长。

6. 齿宽（b）

齿轮轮齿的轴向宽度。

7. 齿厚（s）

一个齿两侧齿廓之间的分度圆弧长。

8. 槽宽（e）

一个齿槽两侧齿廓之间的分度圆弧长。

9. 齿数（z）

一个齿轮的轮齿总数。

10. 模数（m）

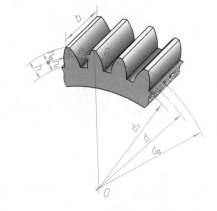

图 5-9　齿轮各部分的名称及代号

齿轮的齿数 z、齿距 p 和分度圆直径 d 之间有以下关系：

$$\pi d=zp \quad 即 \quad d=zp/\pi$$

令 $p/\pi=m$，则 $d=mz$。

m 称为齿轮的模数。模数 m 是设计、制造齿轮的重要参数。模数大，齿距 p 也大，齿厚 s、齿高 h 也随之增大，因而齿轮的承载能力增大。

为了便于设计和制造齿轮，模数已经标准化，我国规定的标准模数值见表 5-6。

表 5-6　　　　　　　　齿轮模数系列（GB/T 1357—2008）　　　　　　　　mm

第Ⅰ系列	1、1.25、1.5、2、2.5、3、4、5、6、8、10、12、16、20、25、32、40、50
第Ⅱ系列	1.125、1.375、1.75、2.25、2.75、3.5、4.5、5.5、（6.5）、7、9、11、14、18、22、28、36、45

注：优先采用第Ⅰ系列的模数。应避免采用第Ⅱ系列中的模数 6.5。

11. 压力角（α）

齿廓曲线和分度圆交点处的径向直线与齿廓在该点处的切线所夹锐角称为压力角，如图 5-10 所示。我国采用的标准压力角 α 为 20°。

一对相配齿轮的模数 m 和压力角 α 相等，两者才能正确啮合。

12. 传动比（i）

传动比为主动齿轮的转速 n_1（r/min）与从动齿轮的转速 n_2（r/min）之比，即 n_1/n_2。由 $n_1z_1=n_2z_2$ 可得：$i=n_1/n_2=z_2/z_1$。

13. 中心距（a）

两圆柱齿轮轴线之间的最短距离称为中心距，即：

$$a=(d_1+d_2)/2=m(z_1+z_2)/2$$

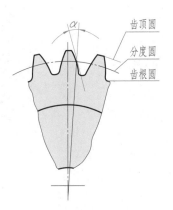

图 5-10　压力角 α

14. 标准直齿圆柱齿轮各几何要素尺寸的计算公式

从表 5-7 中可知，已知齿轮的模数 m 和齿数 z，按表所列公式可以计算出各几何要素的尺寸，并画出齿轮的图形。

表 5-7　　　　　　　　　　　直齿圆柱齿轮各几何要素尺寸的计算公式

名称	代号	计算公式
齿顶高	h_a	$h_a=m$
齿根高	h_f	$h_f=1.25m$
齿高	h	$h=2.25m$
分度圆直径	d	$d=mz$
齿顶圆直径	d_a	$d_a=m(z+2)$
齿根圆直径	d_f	$d_f=m(z-2.5)$
中心距	a	$a=\dfrac{1}{2}(d_1+d_2)=\dfrac{1}{2}m(z_1+z_2)$

二、圆柱齿轮的画法规定

1. 单个圆柱齿轮

齿轮上的轮齿结构复杂且数量多，为简化作图，GB/T 4459.2—2003 对齿轮画法做出规定：齿顶圆和齿顶线用粗实线绘制，分度圆和分度线用细点画线绘制，齿根圆和齿根线用细实线绘制（也可省略不画），如图 5-11a 所示；在剖视图中，当剖切平面通过齿轮轴线时，轮齿一律按不剖处理，齿根线画成粗实线（图 5-11b）。如图 5-12 所示为直齿圆柱齿轮零件图。

2. 啮合圆柱齿轮

在垂直于圆柱齿轮轴线的投影面的视图中，啮合区内齿顶圆均用粗实线绘制（图 5-13a 所示的左视图），或按省略画法绘制（图 5-13b）。在剖视图中，当剖切平面通过两啮合齿轮轴线时，在啮合区内，将一个齿轮的轮齿用粗实线绘制，另一个齿轮的轮齿被遮挡部分用细

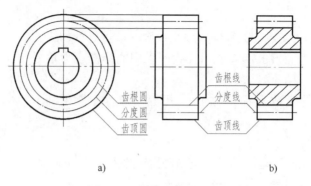

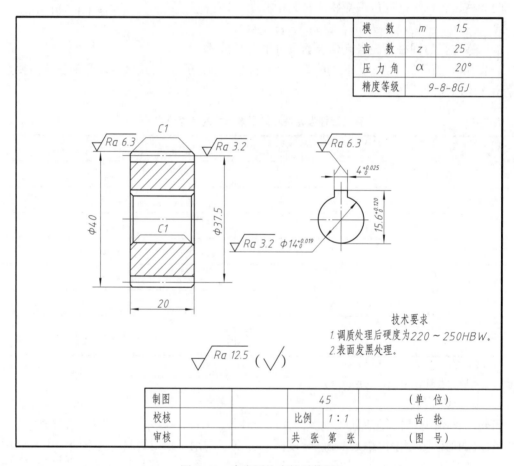

a)   b)

图 5-11　圆柱齿轮的画法

图 5-12　直齿圆柱齿轮零件图

虚线绘制（图 5-13a 所示的主视图），被遮挡部分也可以省略不画。在平行于圆柱齿轮轴线的投影面的外形视图中，啮合区内不画齿顶线，只用粗实线画出节线（当一对圆柱齿轮保持标准中心距啮合时，节线是指两分度圆柱面的切线），如图 5-13c 所示。

如图 5-13a 所示，在齿轮啮合的剖视图中，由于齿根高与齿顶高相差 $0.25m$，因此，一个齿轮的齿顶线和另一个齿轮的齿根线之间应有 $0.25m$ 的顶隙。

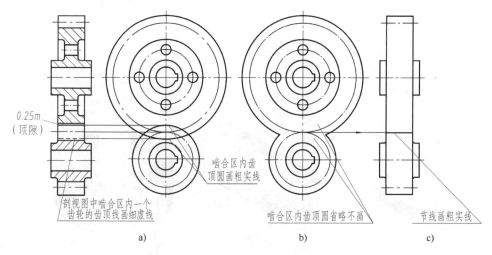

图 5-13 啮合圆柱齿轮的画法

§5-3　键连接和销连接

一、键连接

键用于连接轴和轴上的传动件（如齿轮、带轮等），使轴和传动件不产生相对转动，保证两者同步旋转，传递转矩和旋转运动。

键是标准件，常用的键有普通平键、半圆键和楔键，本节仅介绍普通平键。普通平键有三种结构类型，即 A 型（圆头）、B 型（平头）、C 型（单圆头）。

图 5-14 所示为普通平键连接的情况，在轴和轮毂上分别加工出键槽，装配时先将键嵌入轴的键槽内，再将轮毂上的键槽对准轴上的键，把轮子装在轴上。传动时，轴和轮子便一起转动。

1. 键槽画法及尺寸标注

因为键是标准件，所以一般不必画出零件图，但要画出零件上与键相配合的键槽，如图 5-15 所示。键槽的宽度 b 可根据轴的直径 d 查表确定，轴上的槽深 t_1 和轮毂上的槽深 t_2 可从键的标准中查得，键的长度 L 应小于或等于轮毂的长度。键槽画法及尺寸标注如图 5-15 所示。

普通平键的尺寸和键槽的断面尺寸可按轴的直径在表 5-8 中查得。

2. 键连接画法

表 5-8 所列为普通平键连接的装配图画法。主视图中键被剖切面纵向剖切，键按不剖处理。为了表示键在轴上的装配情况，采用了局部剖视。左视图中键被横向剖切，键要画剖面线（与轮毂或轴的剖面线方向相反，或一致但间隔不等）。由于平键的两个侧面是其工作表面，分别与轴的键槽和轮毂键槽的两个侧面配合，键的底面与轴的键槽底面接触，故均画一条线，而键的顶面不与轮毂的键槽底面接触，因此画两条线。

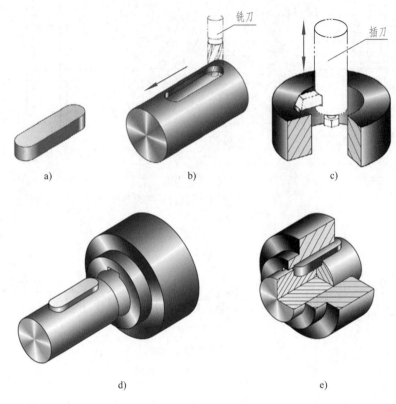

图 5-14 键连接

a）键　b）在轴上加工键槽　c）在轮毂上加工键槽

d）将键嵌入键槽内　e）将键与轴同时装入轮毂

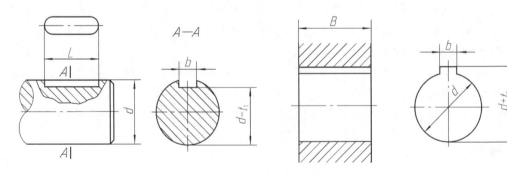

图 5-15 键槽画法及尺寸标注

表 5-8　　普通平键的尺寸和键槽的断面尺寸（GB/T 1095—2003、GB/T 1096—2003）

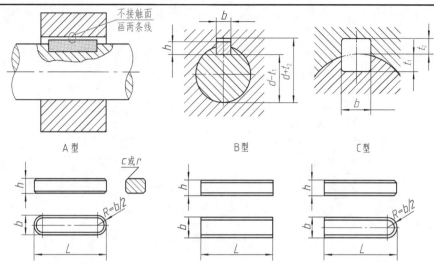

A 型　　　　　　　　　　　B 型　　　　　　　　　　　C 型

标记示例：

键　GB/T 1096　16×10×100（普通 A 型平键，b=16 mm，h=10 mm，L=100 mm）

键　GB/T 1096　B16×10×100（普通 B 型平键，b=16 mm，h=10 mm，L=100 mm）

键　GB/T 1096　C16×10×100（普通 C 型平键，b=16 mm，h=10 mm，L=100 mm）

注：普通 A 型平键的型号"A"可省略不注，B 型和 C 型平键要标注"B"或"C"。

轴	键		键槽											
			宽度 b					深度				半径 r		
基本直径 d	基本尺寸 $b \times h$	长度 L	基本尺寸 b	偏差					轴 t_1		毂 t_2			
				松连接		正常连接		紧密连接						
				轴 H9	毂 D10	轴 N9	毂 JS9	轴和毂 P9	基本尺寸	极限偏差	基本尺寸	极限偏差	最小	最大
>10~12	4×4	8~45	4	+0.030 0	+0.078 +0.030	0 −0.030	±0.015	−0.012 −0.042	2.5	+0.1 0	1.8	+0.1 0	0.08	0.16
>12~17	5×5	10~56	5						3.0		2.3		0.16	0.25
>17~22	6×6	14~70	6						3.5		2.8			
>22~30	8×7	18~90	8	+0.036 0	+0.098 +0.040	0 −0.036	±0.018	−0.015 −0.051	4.0		3.3			
>30~38	10×8	22~110	10						5.0		3.3			
>38~44	12×8	28~140	12	+0.043 0	+0.120 +0.050	0 −0.043	±0.0215	−0.018 −0.061	5.0		3.3		0.25	0.40
>44~50	14×9	36~160	14						5.5		3.8			
>50~58	16×10	45~180	16						6.0	+0.2 0	4.3	+0.2 0		
>58~65	18×11	50~200	18						7.0		4.4			
>65~75	20×12	56~220	20	+0.052 0	+0.149 +0.065	0 −0.052	±0.026	−0.022 −0.074	7.5		4.9		0.40	0.60
>75~85	22×14	63~250	22						9.0		5.4			
>85~95	25×14	70~280	25						9.0		5.4			
>95~110	28×16	80~320	28						10.0		6.4			

注：1.（$d-t_1$）和（$d+t_2$）两组组合尺寸的极限偏差按相应的 t_1 和 t_2 的极限偏差选取，但（$d-t_1$）极限偏差的值应取负号（−）。

2. L 系列：6~22（二进位）、25、28、32、36、40、45、50、56、63、70、80、90、100、110、125、140、160、180、200、220、250、280、320、360、400、450、500。

3. 轴的直径与键的尺寸的对应关系未列入标准，此表给出仅供参考。

4. 表中数据单位为 mm。

二、销连接

销是标准件，通常用于零件的连接或定位。常用的有圆柱销、圆锥销和开口销。圆柱销和圆锥销的连接画法如图 5-16 所示。

圆柱销和圆锥销的各部分尺寸及其标记示例见附表 7 和附表 8。

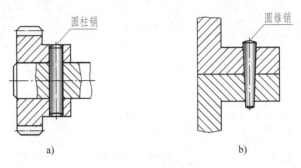

a)   b)

图 5-16　销连接画法

§5-4　弹　簧

弹簧是用途很广泛的常用零件。它主要用于减振、夹紧、储存能量和测力等方面。弹簧的特点是在弹性变形范围内，去掉外力后能立即恢复原状。常用的弹簧如图 5-17 所示。本节仅介绍普通圆柱螺旋压缩弹簧的画法和尺寸计算。

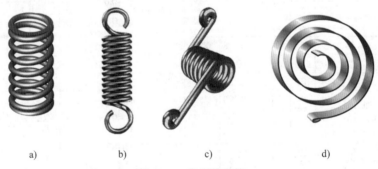

a)   b)   c)   d)

图 5-17　常用的弹簧

a）压缩弹簧　b）拉伸弹簧　c）扭转弹簧　d）平面涡卷弹簧

一、圆柱螺旋压缩弹簧各部分名称及尺寸计算（图 5-18）

1.　线径（d）

线径是指弹簧钢丝直径。

2.　弹簧外径（D_2）

弹簧外径是指螺旋弹簧圈的外侧直径。

— 124 —

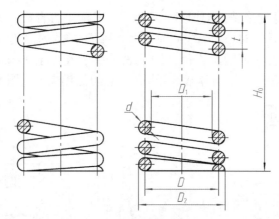

图 5-18　圆柱螺旋压缩弹簧

3. 弹簧内径（D_1）

弹簧内径是指螺旋弹簧圈的内侧直径。

4. 弹簧中径（D）

弹簧中径是指螺旋弹簧圈的弹簧内径与弹簧外径的平均值。

$$D_1=D_2-2d$$
$$D=（D_2+D_1）/2=D_1+d=D_2-d$$

5. 弹簧节距（t）

弹簧节距是指弹簧在自由状态时，两相邻有效圈截面中心线之间的轴向距离。

6. 有效圈数（n）、支承圈数（n_2）和总圈数（n_1）

为了使螺旋压缩弹簧工作时受力均匀，增加弹簧的平稳性，将弹簧两端并紧且磨平，并紧磨平的端圈主要起支承和定位作用。螺旋压缩弹簧中不起弹性作用的端圈称为支承圈。如图 5-18 所示的弹簧，两端各有 $1\frac{1}{4}$ 圈为支承圈，即 $n_2=2.5$。除两端非有效圈外的总圈数称为有效圈数。有效圈数与支承圈数之和称为总圈数，即 $n_1=n+n_2$。

7. 自由长度（H_0）

自由长度是指弹簧在无负荷状态下的总长度，$H_0=nt+（n_2-0.5）d$。

8. 展开长度（L）

展开长度是指弹簧材料展开成直线时的总长度。

9. 旋向

螺旋弹簧分为右旋和左旋两种。

国家标准已对普通圆柱螺旋压缩弹簧的结构尺寸及标记做了规定，使用时可查阅。

二、圆柱螺旋压缩弹簧的画法（GB/T 4459.4—2003）

1. 弹簧在平行于轴线投影面的视图中，各圈的轮廓不必按螺旋线的真实投影画出，而用直线代替螺旋线的投影（图 5-18）。

2. 螺旋弹簧均可画成右旋，对必须保证的旋向要求应在"技术要求"中注明。

3. 有效圈数在 4 圈以上的螺旋弹簧，中间各圈可以省略，只画出其两端的 1～2 圈（不包括支承圈），中间用通过弹簧钢丝断面中心的细点画线连起来。省略后，允许适当缩短图形的长度，但应注明弹簧设计要求的自由长度（图 5-18）。

4. 在装配图中，螺旋弹簧被剖切后，不论中间各圈是否省略，被弹簧挡住的结构一般不画，其可见部分应从弹簧的外轮廓线或弹簧钢丝剖面的中心线画起（图 5-19a）。

5. 在装配图中，当弹簧钢丝直径在图上表示小于或等于 2 mm 时，螺旋弹簧允许用图 5-19c 所示的示意画法表示。当弹簧被剖切时，也可涂黑表示（图 5-19b）。

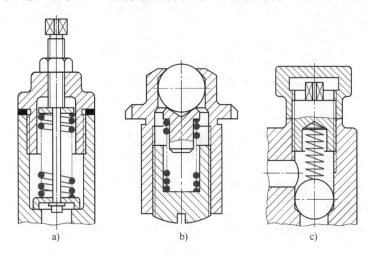

a)　　　　　　　　b)　　　　　　　　c)

图 5-19　装配图中弹簧的画法

§5-5　滚　动　轴　承

滚动轴承是用来支承轴的标准部件，具有结构紧凑、摩擦阻力小、旋转精度高、应用广泛等特点。

一、滚动轴承的结构类型与分类

滚动轴承种类繁多，但其结构大体相同，一般由外圈、内圈、滚动体和保持架组成，如图 5-20 所示。滚动轴承按其承受的载荷方向分为：

向心轴承——主要用于承受径向载荷的轴承，如图 5-20 所示的深沟球轴承。

推力轴承——主要用于承受轴向载荷的轴承，常用的是推力球轴承。

按其滚动体的种类不同，又分为：

球轴承——滚动体为球的轴承，常用的有深沟球轴承、推力球轴承和调心球轴承。

滚子轴承——滚动体为滚子的轴承。常用的有圆柱滚子轴承、圆锥滚子轴承等。

外圈
内圈
滚动体
保持架

图 5-20　滚动轴承的基本结构

二、滚动轴承的表示法

滚动轴承是标准组件，为使绘图简便，国家标准规定了简化表示法。滚动轴承的表示法包括三种画法，即通用画法、特征画法和规定画法，各种画法示例见表5-9。

三种画法中的各种符号、矩形线框和轮廓线均用粗实线绘制。

表 5-9   常用滚动轴承的画法示例

轴承类型	结构形式	通用画法	特征画法	规定画法	承载特征
		均指滚动轴承在所属装配图剖视图中的画法			
深沟球轴承 （GB/T 276—2013） 6000 型		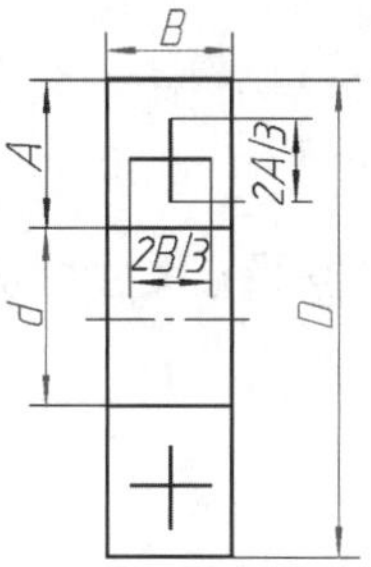	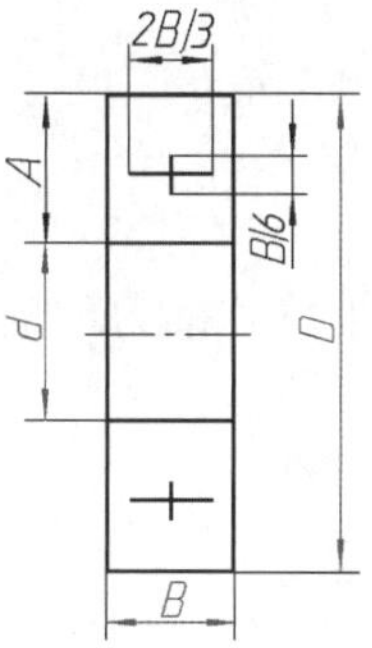	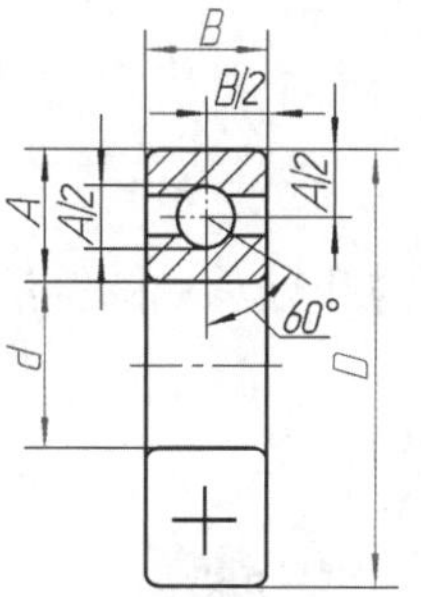	主要承受径向载荷
圆锥滚子轴承 （GB/T 297—2015） 30000 型		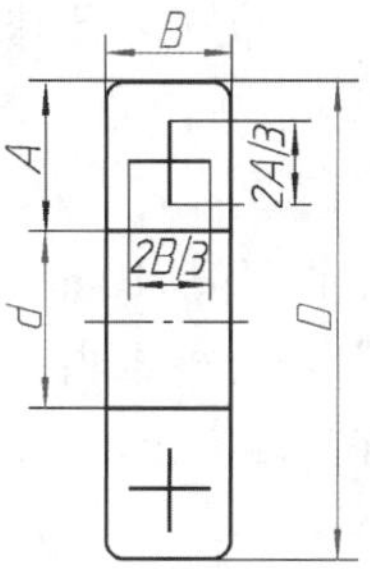	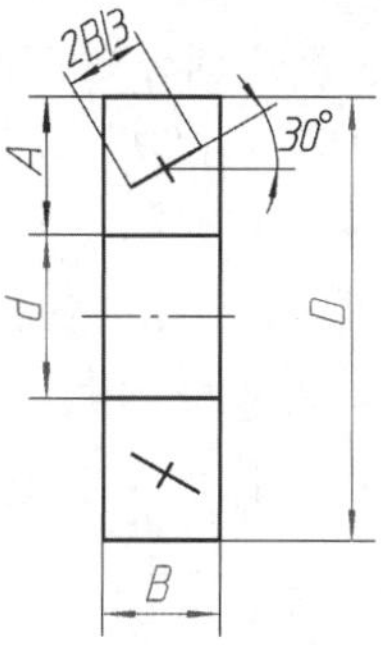	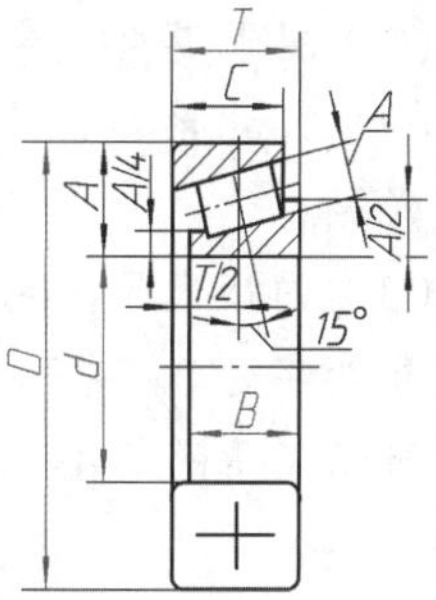	可同时承受径向和轴向载荷
推力球轴承 （GB/T 301—2015） 51000 型	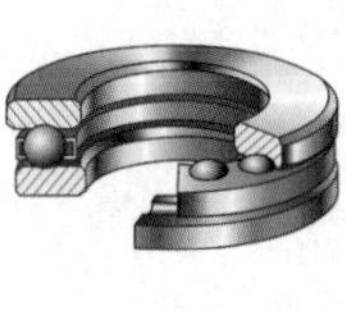	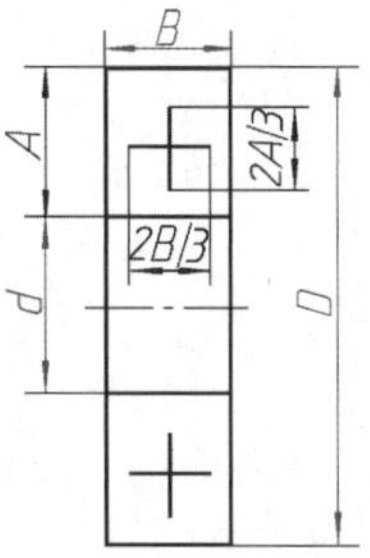	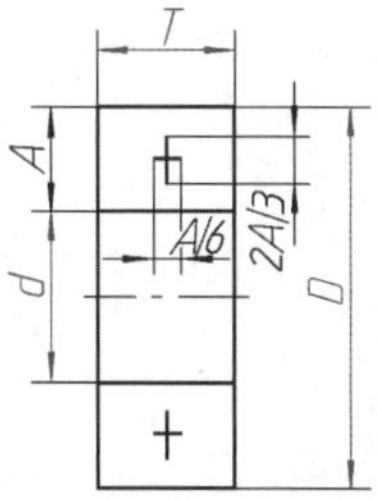	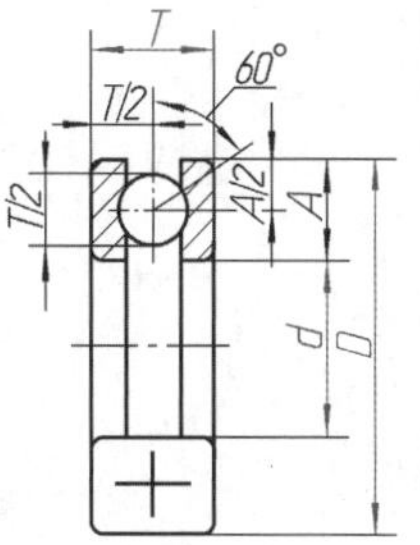	承受单方向的轴向载荷
三种画法的选用		当不需要确切地表示滚动轴承的外形轮廓、承载特征和结构特征时采用	当需要较形象地表示滚动轴承的结构特征时采用	在滚动轴承的产品图样、产品样本、产品标准和产品使用说明书中采用	

— 127 —

在装配图上，只需根据轴承的外径 D、内径 d 和宽度 B 画出外轮廓，有关尺寸的数值可由标准查得，见附表9。

应注意：采用通用画法或特征画法绘制滚动轴承时，一律不画剖面符号。在同一图样中一般只采用其中一种画法。

三、滚动轴承的标记

滚动轴承的标记由名称、代号、标准编号三部分组成。

标记示例：

滚动轴承　6210　GB/T 276—2013

内径代号　　　$d=10 \times 5=50\ mm$
尺寸系列代号　轻窄系列
轴承类型代号　深沟球轴承

深沟球轴承、圆锥滚子轴承和推力球轴承的各部分尺寸可从附表9中查得。

知识链接

（1）轴承类型代号：3表示圆锥滚子轴承，5表示推力球轴承等。

（2）尺寸系列代号："1"和"7"表示特轻系列，"3"表示中窄系列，"4"表示重窄系列等。

（3）内径代号：00、01、02、03分别表示内径 $d=10\ mm$、12 mm、15 mm、17 mm；当代号数字为04～99时，代号数字乘以"5"即为轴承内径。

滚动轴承的类型、尺寸、特性等可查阅有关国家标准。

第6章

零件图

　　一台机器或一个部件都是由若干零件装配而成的，制造机器首先要依据零件图加工零件。零件图是制造和检验零件的主要依据。本章主要讨论识读和绘制零件图的基本方法，并简要介绍零件图上标注尺寸的合理性、零件工艺结构以及技术要求等内容。

§6-1　零件图概述

一、零件图与装配图的作用和关系

　　装配图表示机器或部件的工作原理、零件间的装配关系和技术要求。零件图则表示零件的结构、形状、大小和有关技术要求，并根据它加工零件。在设计或测绘机器时，首先要绘制装配图，然后拆画零件图，零件完工后再按装配图将零件装配成机器或部件。因此，零件与部件、零件图与装配图之间的关系十分密切。

　　在识读或绘制零件图时，要考虑零件在部件中的位置、作用，以及与其他零件间的装配关系，从而理解各零件的结构、形状和加工方法；在识读或绘制装配图时（将在第7章中讲述），也必须了解部件中主要零件的结构、形状和作用以及各零件间的装配关系。

　　图6-1所示为滑动轴承轴测分解图。滑动轴承是机器设备中支承轴转动的部件，它由一些标准件（如螺栓、螺母等）和专用件[1]（如轴承座、轴承盖等）装配而成。轴承座是滑动轴承的主要零件，它与轴承盖通过两组螺栓和螺母紧固，并压紧上、下轴衬；轴承盖上部的油杯给轴衬加润滑油；轴承座下部的底板在安装滑动轴承时起支承和固定作用。由此可见，零件的结构、形状和大小是由该零件在机器或部件中的功能以及与其他零件的装配连接关系确定的。

---

　　[1]　根据零件在装配体中的功用和装配关系而专门设计的零件称为专用件。

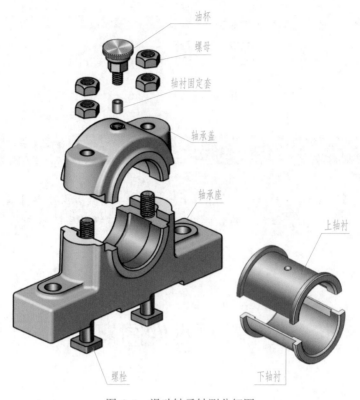

油杯

螺母

轴衬固定套

轴承盖

轴承座

上轴衬

螺栓

下轴衬

图 6-1 滑动轴承轴测分解图

二、零件图的内容

图 6-2 所示为轴承座零件图。一张作为加工和检验依据的零件图应包括以下基本内容：

1. 图形

选用一组适当的视图、剖视图、断面图等图形，正确、完整、清晰地表达零件的内、外结构和形状。

2. 尺寸

正确、齐全、清晰、合理地标注零件在制造和检验时所需要的全部尺寸。

3. 技术要求

用规定的符号、代号、标记和文字说明等简明地给出零件在制造和检验时所应达到的各项技术指标和要求，如尺寸公差、几何公差、表面结构、热处理等。

4. 标题栏

填写零件名称、材料、比例、图号以及设计、审核人员的责任签字等。

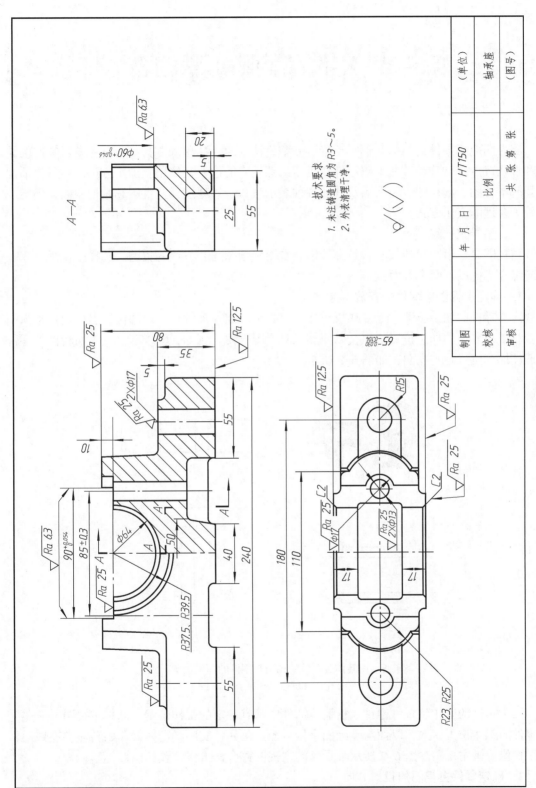

图 6-2 轴承座零件图

§6-2 零件结构和形状的表达

零件图应把零件的结构和形状正确、完整、清晰地表达出来。为此，首先要对零件的结构和形状特点进行分析，并了解零件在机器或部件中的位置、作用及加工方法，然后灵活地选择基本视图、剖视图、断面图及其他各种表示法，合理地选择主视图和其他视图，确定一种较为合理的表达方案。

一、选择主视图

主视图是一组图形的核心，是直接影响看图和画图是否方便的关键。选择主视图时，一般应综合考虑以下两个方面：

1. 确定主视图中零件的安放位置

（1）零件的加工位置　零件在机械加工时必须固定并夹紧在一定的位置上，选择主视图时应尽量与零件的加工位置一致，以使加工时看图方便。例如，轴、套、盘等回转体类零件一般按加工位置画主视图，如图 6-3 所示。

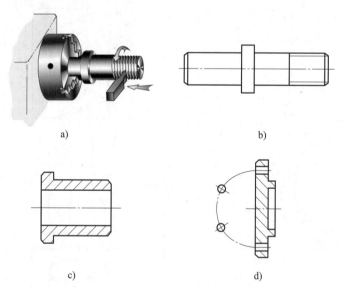

a)   b)

c)   d)

图 6-3　回转体类零件主视图与零件的加工位置一致
a）车床加工　b）轴　c）轴套　d）端盖

（2）零件的工作位置　零件在机器或部件中都有一定的工作位置，选择主视图时应尽量与零件的工作位置一致，以便与装配图直接对照。例如，支座、箱体等非回转体类零件通常按工作位置画主视图。图 6-2 所示轴承座的主视图符合其工作位置。

2. 确定零件主视图的投射方向

主视图的投射方向应能较多地反映零件的主要形状特征，即表达零件的结构、形状以及各组成部分之间的相对位置关系。如图 6-4 所示的轴承座由箭头所指的 A、B、C、D 四个投射方向所得到的视图如图 6-5 所示。分析及比较可知：B 向视图能更清晰地反映轴承座各部分的轮廓特征，所以确定以 B 向作为主视图的投射方向。

二、选择其他视图

主视图确定后，要分析该零件还有哪些结构和形状未表达完整，以及如何将主视图未表达清楚的部位用其他视图进行表达，并使每个视图都有表达的重点。在选择视图时，应优先选用基本视图及在基本视图上作剖视图。在完整、清晰地表达零件结构和形状的前提下，尽量减少视图数量，力求制图简便。

图 6-4　轴承座主视图投射方向的选择

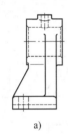
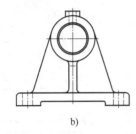
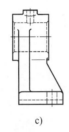
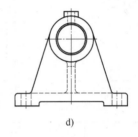

a)　　　　　　b)　　　　　c)　　　　　　d)

图 6-5　分析主视图投射方向
a) A 向　b) B 向　c) C 向　d) D 向

三、零件表达方案选择典型实例

根据图 6-4 所示轴承座选择恰当的表达方案。

1. 分析结构

轴承座的主要功能是支承轴，其主体结构由底板（与机体连接）、圆筒、支承板（连接圆筒和底板）、肋板（提高支承板刚度）四个主要部分组成，另外还有凸台。

2. 选择主视图

根据前面的综合分析，确定 B 向为主视图的投射方向，考虑底板安装孔和凸台圆孔的不可见性，将其作局部剖视，如图 6-6a 所示。

3. 选择其他视图

进一步分析尚未表达清楚的结构和形状，选择左视图（全剖视）侧重表达圆筒与凸台、肋板和底板开槽形状；选择俯视图主要表达底板外形及支承板和肋板的结构与形状等，如图 6-6a 所示。

4. 综合分析比较，选择最佳表达方案

方案一（图 6-6a）完整表达了轴承座各部分的结构和形状，但可以看出其不足：一是对凸台圆孔的表达，主、左视图有重复；二是俯视图虚线过多，不清晰。

方案二（图 6-6b）克服了方案一的缺点，但支承板和肋板的断面形状表达并不完全清楚。

方案三（图 6-6c）进一步解决了方案二存在的不足，采用移出断面图清晰地表达了支承板与肋板的断面形状和位置关系；底板采用更简捷的 B 向局部视图来表达，但多了一个图形。

— 133 —

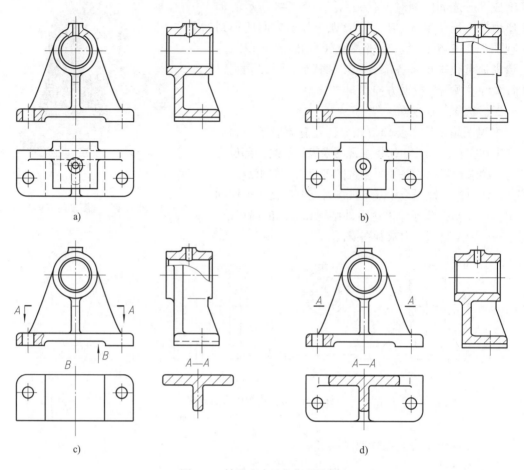

图 6-6 轴承座表达方案的选择
a）方案一 b）方案二 c）方案三 d）方案四

方案四（图 6-6d）俯视图采用了全剖视，既表达了底板的外形，又反映了支承板和肋板的断面形状及其位置关系。

综合分析及比较四种方案，方案四仅用三个视图便正确、完整、清楚地反映了轴承座的结构和形状，是最佳的表达方案。

§6-3　零件上的常见工艺结构

零件的结构和形状除了应满足使用功能的要求外，还应满足制造工艺的要求，即应具有合理的工艺结构。表 6-1 是一些零件上常见的工艺结构及其画法，供画图时参考。

表 6–1　　　　　　　　　　　　零件上常见的工艺结构及其画法

种类	图例	说明
铸造结构 / 起模斜度	上砂箱　起模方向　木模 下砂箱　3°~6°　起模斜度	为便于起模，在铸件的内、外壁沿起模方向应有一定斜度（1:20~1:10），视图上一般不标注
铸造结构 / 铸造圆角	铸造圆角　起模斜度	为防止起模或浇注时砂型在尖角处脱落及避免铸件冷却收缩时产生裂纹，铸件各表面相交处应做成圆角
铸造结构 / 过渡线	过渡线端部有空隙 a)	由于铸造圆角的存在，零件上的表面交线已不明显，此时的交线称为过渡线（用细实线表示，且端点处与其他图线断开）

种类	图例	说明
铸造结构 过渡线	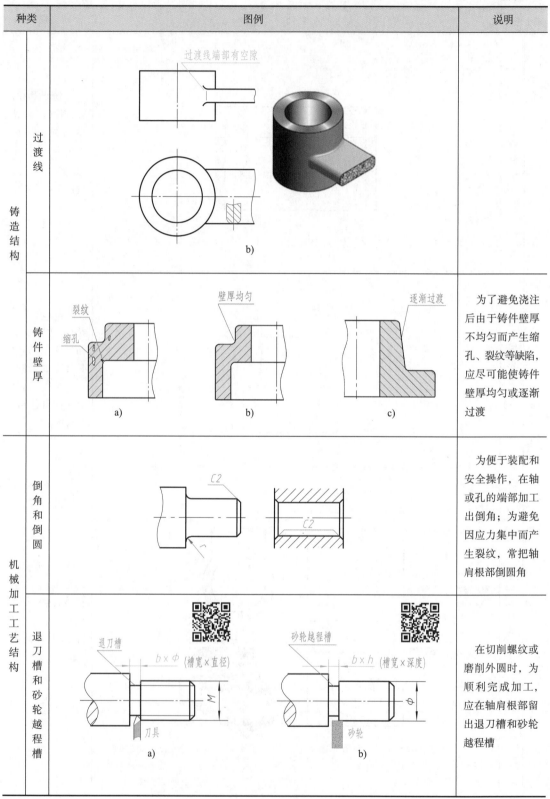（上半部分）过渡线端部有空隙 b)	
铸件壁厚	裂纹 缩孔 a) 壁厚均匀 b) 逐渐过渡 c)	为了避免浇注后由于铸件壁厚不均匀而产生缩孔、裂纹等缺陷，应尽可能使铸件壁厚均匀或逐渐过渡
机械加工工艺结构 倒角和倒圆	C2 C2	为便于装配和安全操作，在轴或孔的端部加工出倒角；为避免因应力集中而产生裂纹，常把轴肩根部倒圆角
退刀槽和砂轮越程槽	退刀槽 b×φ（槽宽×直径） 刀具 a) 砂轮越程槽 b×h（槽宽×深度） φ 砂轮 b)	在切削螺纹或磨削外圆时，为顺利完成加工，应在轴肩根部留出退刀槽和砂轮越程槽

种类	图例	说明
机械加工工艺结构	凸台和凹槽 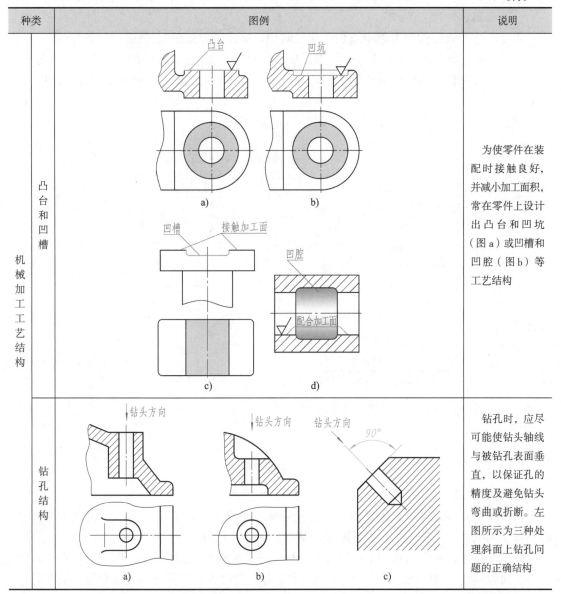	为使零件在装配时接触良好，并减小加工面积，常在零件上设计出凸台和凹坑（图a）或凹槽和凹腔（图b）等工艺结构
	钻孔结构	钻孔时，应尽可能使钻头轴线与被钻孔表面垂直，以保证孔的精度及避免钻头弯曲或折断。左图所示为三种处理斜面上钻孔问题的正确结构

§6-4 零件尺寸的合理标注

零件尺寸的标注除要满足正确、齐全、清晰等基本要求外，还应考虑尺寸标注合理。合理标注尺寸是指所注尺寸既符合设计要求，保证机器的使用性能，又满足工艺要求，便于加工、测量和检验。本节着重介绍合理标注尺寸应考虑的几个基本问题和一般原则。

一、正确选择尺寸基准

尺寸基准是指零件在机器中或加工测量时用以确定其位置的面或线。一般情况下，零件在长、宽、高三个方向上都应有一个主要基准，如图 6-7 所示。为便于加工，还可以有若干辅助基准。一般常选择零件的对称面、回转轴线、主要加工面、主要支承面和结合平面作尺寸基准。

根据作用不同，基准可分为设计基准和工艺基准。

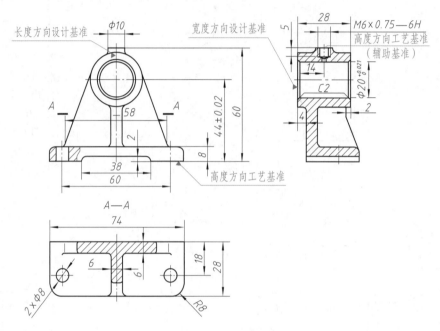

图 6-7　基准的选择

1. 设计基准

设计基准是确定零件在部件中工作位置的基准面或线。如在图 6-7 中，标注轴承孔的中心高尺寸 44 ± 0.02，应以底面为高度方向基准。因为一根轴要用两个轴承座支承，为了保证轴线的水平位置，两个轴孔的中心应等高。标注底板两螺孔的定位尺寸 60，其长度方向以左右对称面为基准，以保证两螺孔与轴孔的对称关系。宽度方向以圆筒后端面为设计基准。

2. 工艺基准

工艺基准是零件在加工、测量时的基准面或线。如图 6-7 所示轴承座凸台的顶面是工艺基准，以此为基准测量螺孔的深度尺寸 5 比较方便。

设计基准和工艺基准最好能重合，这样既可满足设计要求，又便于加工、检测。如图 6-7 所示的轴承座，对整体而言，底面是设计基准，也是工艺基准。对顶部局部结构，凸台顶面既是螺孔深度的设计基准，又是加工、测量时的工艺基准。同一方向有两个以上基准时，设计基准为主要基准，工艺基准作为辅助基准。

二、合理标注尺寸的原则

1. 重要尺寸直接注出

重要尺寸是指有配合功能要求的尺寸、重要的相对位置尺寸、影响零件使用性能的尺寸，这些尺寸都要在零件图上直接注出。

图 6-8a 中轴孔中心高 h_1 是重要尺寸，若按图 6-8b 标注，则尺寸 h_2 和 h_3 将产生较大的累积误差，使孔的中心高不能满足设计要求。另外，为安装方便，图 6-8a 中底板上两孔的中心距 l_1 也应直接注出，若按图 6-8b 标注尺寸 l_3，间接确定 l_1 则不能满足装配要求。

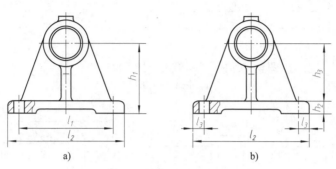

图 6-8　重要尺寸直接注出
a）正确　b）错误

2. 避免出现封闭尺寸链

图 6-9b 中的尺寸 l_1、l_2、l_3、l 构成一个封闭尺寸链。由于 $l=l_1+l_2+l_3$，在加工时，尺寸 l_1、l_2、l_3 都可能产生误差，每一段的误差都会累积到尺寸 l 上，使总长 l 不能保证设计的精度要求。若要保证尺寸 l 的精度要求，就要提高每一段的精度要求，造成加工困难且提高成本。为此，选择其中一个不重要的尺寸空出不注，称为开口环（封闭环），使所有的尺寸误差都累积在这一段上，如图 6-9a 所示。

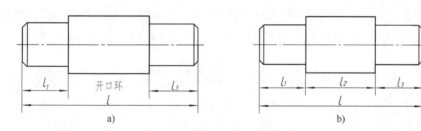

图 6-9　不要注成封闭尺寸链
a）正确　b）错误

3. 标注尺寸要便于加工和测量

（1）退刀槽和砂轮越程槽的尺寸标注　轴套类零件上常制有退刀槽或砂轮越程槽等工艺结构，标注尺寸时应将这类结构要素的尺寸单独注出，且包括在相应的某一段长度内。如图 6-10a 所示，图中将退刀槽这一工艺结构包括在长度 13 内，因为加工时一般先粗车外圆到长度 13，再用车槽刀车槽，所以这种标注形式符合工艺要求，便于加工和测量。而图 6-10b 的标注则不合理。

零件上常见结构要素的尺寸标注已经格式化，如倒角、退刀槽可按图 6-11a、b 的形式标注，图 6-11c 所示为轴套类零件中砂轮越程槽的尺寸注法。

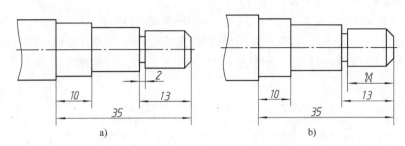

a) b)

图 6-10　标注尺寸要便于加工和测量（一）

a）正确　b）错误

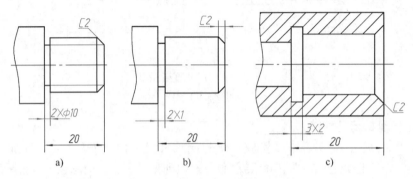

a) b) c)

图 6-11　退刀槽和砂轮越程槽的尺寸标注

（2）键槽深度的尺寸标注　图 6-12a 表示轴或轮毂上键槽的深度尺寸以圆柱面素线为基准进行标注，以便于测量。

（3）台阶孔的尺寸标注　零件上台阶孔的加工顺序一般是先加工成小孔，再加工大孔，因此，轴向尺寸的标注应从端面注出大孔的深度，以便于测量，如图 6-12b 所示。

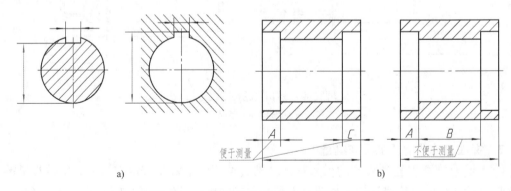

a) b)

图 6-12　标注尺寸要便于加工和测量（二）

a）键槽深度　b）台阶孔

4. 各种孔的简化注法

零件上各种孔（光孔、沉孔、螺孔）的简化注法见表 6-2。标注尺寸时应尽可能使用符号和缩写词，见表 6-3。

表 6-2　　　　　　　　　　　各种孔的简化注法

零件结构类型		简化注法	一般注法	说明
光孔	一般孔	4×φ5▽10　　4×φ5▽10	4×φ5	4×φ5 表示四个直径为 5 mm 的光孔，孔深可与孔径连注
	精加工孔	4×φ5$^{+0.012}_{0}$▽10　4×φ5$^{+0.012}_{0}$▽10 孔▽12　　　　　孔▽12	4×φ5$^{+0.012}_{0}$	4 个光孔深为 12 mm，钻孔后需精加工至 φ5$^{+0.012}_{0}$ mm，深度为 10 mm
	锥孔	锥销孔φ5 配作　　　锥销孔φ5 　　　　　配作	锥销孔φ5 配作	φ5 mm 为与锥销孔相配的圆锥销小头直径（公称直径）。锥销孔通常是两零件装配在一起后加工的，故应注明"配作"
沉孔	锥形沉孔	4×φ7　　　4×φ7 ▽13×90°　▽13×90°	90° φ13 4×φ7	4×φ7 表示四个直径为 7 mm 的孔，90°锥形沉孔的最大直径为 13 mm
	柱形沉孔	4×φ7　　　4×φ7 ⊔φ13▽3　⊔φ13▽3	φ13 3 4×φ7	四个柱形沉孔的直径为 13 mm，深度为 3 mm
	锪平沉孔	4×φ7　　　4×φ7 ⊔φ13　　　⊔φ13	φ13　锪平 4×φ7	锪平沉孔 φ13 mm 的深度不必标注，一般锪平到不出现毛面为止
螺孔	通孔	2×M8　　　2×M8	2×M8	2×M8 表示两个公称直径为 8 mm 的螺孔，中径和顶径公差带代号为 6H
	不通孔	2×M8▽10　2×M8▽10 孔▽12　　孔▽12	2×M8	两个 M8 螺孔的螺纹长度为 10 mm，钻孔深度为 12 mm，中径和顶径公差带代号为 6H

表 6-3   尺寸标注常用符号和缩写词

含义	符号或缩写词	含义	符号或缩写词
直径	ϕ	深度	↓
半径	R	沉孔或锪平	⊔
球直径	$S\phi$	埋头孔	⌵
球半径	SR	弧长	⌒
厚度	t	斜度	∠
均布	EQS	锥度	◁
45° 倒角	C	展开长	⌒
正方形	□	型材截面形状	按 GB/T 4656—2008 的规定

思考

分析齿轮轴（图 6-13）的尺寸基准及定位尺寸。

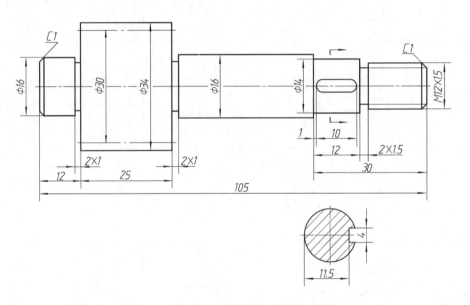

图 6-13 齿轮轴尺寸示例

§6-5 零件图上的技术要求

零件图中除了图形和尺寸外，还有制造该零件时应满足的一些加工要求，通常称为"技术要求"，如表面粗糙度、尺寸公差、几何公差以及材料热处理等。技术要求一般用符号、代号或标记标注在图形上，或者用文字注写在图样的适当位置。

一、表面结构的图样表示法

表面结构是表面粗糙度、表面波纹度、表面缺陷、表面纹理和表面几何形状的总称。表面结构的各项要求在图样上的表示法在 GB/T 131—2006 中均有具体规定。本节主要介绍常用的表面粗糙度表示法。

1. 表面粗糙度及其评定参数

经过机械加工后的零件表面，如在放大镜或显微镜下观察，会发现许多高低不平的凸峰和凹谷，如图 6-14 所示。零件加工表面上具有较小间距和峰谷所组成的微观几何形状特性称为表面粗糙度。表面粗糙度与加工方法、切削刃形状和切削用量等因素有密切关系。

表面粗糙度是评定零件表面质量的一项重要技术指标，对零件的配合、耐磨性、耐腐蚀性及密封性等都有显著影响，是零件图中必不可少的一项技术要求。

轮廓参数是我国机械图样中目前最常用的评定参数，评定粗糙度轮廓（R 轮廓）有 Ra 和 Rz 两个高度参数。

（1）算术平均偏差 Ra　指在一个取样长度内，纵坐标 $z(x)$ 绝对值的算术平均值（图 6-14）。

（2）轮廓的最大高度 Rz　指在同一取样长度内，最大轮廓峰高与最大轮廓谷深之和的高度（图 6-14）。

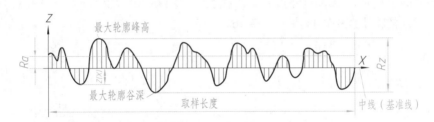

图 6-14　算术平均偏差 Ra 和轮廓的最大高度 Rz

表面粗糙度的选用应该既满足零件表面的功能要求，又要考虑经济合理。一般情况下，凡是零件上有配合要求或有相对运动的表面，粗糙度参数值要小。参数值越小，表面质量越高，但加工成本也越高。因此，在满足使用要求的前提下，应尽量选用较大的粗糙度参数值，以降低成本。

2. 表面结构的图形符号

标注表面结构要求时的图形符号见表 6-4。

表 6-4　　　　　　　　　　　　标注表面结构要求时的图形符号

符号名称	符号	含义
基本图形符号	$d'=0.35\ mm$（d'——符号线宽）　$60°$　$H_1=5\ mm$　$H_2=10.5\ mm$	未指定工艺方法的表面，当通过一个注释解释时可单独使用
扩展图形符号	√	用去除材料方法获得的表面，仅当其含义是"被加工表面"时可单独使用

符号名称	符号	含义
扩展图形符号		不去除材料的表面，也可用于保持上道工序形成的表面，不管这种状况是通过去除或不去除材料形成的
完整图形符号		在以上各种符号的长边上加一横线，以便注写对表面结构的各种要求

注：表中 d'、H_1 和 H_2 的大小是当图样中尺寸数字高度 h 选取 3.5 mm 时按 GB/T 131—2006 的相应规定给定的。表中 H_2 是最小值，必要时允许加大。

3. 表面结构代号及其注法

表面结构符号中注写了具体参数代号及数值等要求后即称为表面结构代号。表面结构代号在图样中的注法如下：

（1）表面结构要求对每一表面一般只注一次，并尽可能注在相应的尺寸及其公差的同一视图上。除非另有说明，否则所标注的表面结构要求是对完工零件表面的要求。

（2）表面结构要求的注写和读取方向与尺寸的注写和读取方向一致。表面结构要求可标注在轮廓线上，其符号应从材料外指向并接触表面（图 6-15）。必要时，表面结构要求也可用带箭头或黑点的指引线引出标注（图 6-16）。

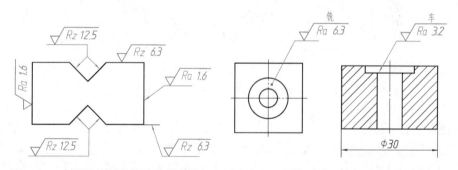

图 6-15　表面结构要求标注在轮廓线上　　图 6-16　用指引线引出标注表面结构要求

（3）在不致引起误解时，表面结构要求可以标注在给定的尺寸线上（图 6-17）。

（4）表面结构要求可标注在几何公差框格的上方（图 6-18）。

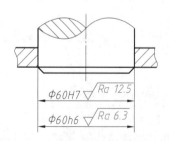

图 6-17　表面结构要求标注在尺寸线上

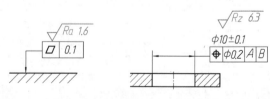

图 6-18　表面结构要求标注在几何公差框格的上方

（5）圆柱和棱柱的表面结构要求只标注一次，必要时可标注在轮廓延长线或尺寸界线上（图 6-19）。如果每个棱柱表面有不同的表面结构要求，则应分别单独标注（图 6-20）。

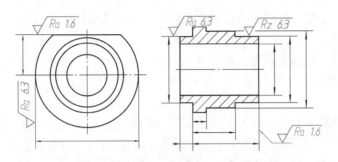

图 6-19　表面结构要求标注在圆柱特征的
轮廓线或其延长线上

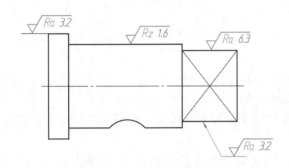

图 6-20　圆柱和棱柱表面结构要求的注法

（6）如果零件的多数（包括全部）表面有相同的表面结构要求，则其表面结构要求可统一标注在图样的标题栏附近（不同的表面结构要求应直接标注在图形中）。此时，表面结构要求的符号后面应有以下内容：

1）在圆括号内给出无任何其他标注的基本符号（图 6-21a）。

2）在圆括号内给出不同的表面结构要求（图 6-21b）。

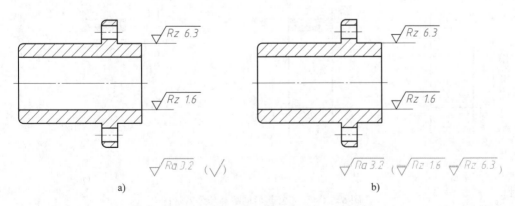

a)　　　　　　　　　　　　　　　　　b)

图 6-21　大多数表面有相同表面结构要求的简化注法

— 145 —

二、极限与配合

大规模生产要求零件具有互换性，即从一批规格相同的零件中任取一件，不经修配就能装到机器或部件上，并能保证使用要求。零件的这种性质称为互换性。互换性不仅给机器的装配、维修带来方便，而且能满足生产部门广泛的协作要求，为大批量和专门化生产创造条件，缩短生产周期，提高劳动效率和经济效益。为满足零件的互换性，就必须制定和执行统一的标准。下面介绍国家标准《产品几何技术规范（GPS） 线性尺寸公差 ISO 代号体系》（第 1 部分和第 2 部分）（GB/T 1800.1 ~ 2—2020）的基本内容。

1. 尺寸公差

零件在制造过程中，由于加工或测量等因素的影响，完工后的实际尺寸总是存在一定的误差。为保证零件的互换性，必须将零件的实际尺寸控制在允许变动的范围内，这个允许尺寸的变动量称为尺寸公差，简称公差。关于尺寸公差的一些名词，以图 6-22a 所示圆柱孔尺寸 $\phi 35 _{+0.009}^{+0.034}$ 为例，简要说明如下：

（1）公称尺寸 公称尺寸是由图样规范确定的理想形状要素的尺寸，即设计给定的尺寸：$\phi 35$。

（2）极限尺寸 极限尺寸是尺寸要素的尺寸所允许的极限值，包括上极限尺寸、下极限尺寸。

上极限尺寸：35+0.034=35.034

下极限尺寸：35+0.009=35.009

零件经过测量所得的尺寸称为实际尺寸，若实际尺寸位于上极限尺寸和下极限尺寸之间，即为合格。

（3）极限偏差 极限偏差是指相对于公称尺寸的上极限偏差和下极限偏差。上极限尺寸减其公称尺寸所得的代数差称为上极限偏差，即尺寸要素允许的最大尺寸；下极限尺寸减其公称尺寸所得的代数差称为下极限偏差，即尺寸要素允许的最小尺寸，两者统称为极限偏差。孔的上、下极限偏差分别用大写字母 ES 和 EI 表示；轴的上、下极限偏差分别用小写字母 es 和 ei 表示。

上极限偏差：ES=35.034−35=+0.034

下极限偏差：EI=35.009−35=+0.009

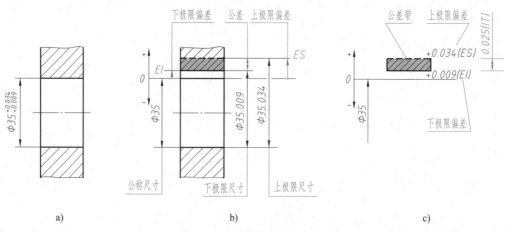

图 6-22 尺寸公差名词解释与公差带图

a）孔的尺寸公差 b）详解画法 c）简化画法

（4）公差　公差是指上极限尺寸与下极限尺寸之差，或上极限偏差与下极限偏差之差。它是允许尺寸的变动量，是一个没有符号的绝对值。

公差 =35.034–35.009=0.025 或公差 =0.034–0.009=0.025

（5）公差带　公差带是上极限尺寸和下极限尺寸之间的变动值，由公差大小和相对于公称尺寸的位置确定。公差带图指由代表上极限偏差和下极限偏差或上极限尺寸和下极限尺寸的两条直线所限定的一个区域。为简化起见，一般只画出上、下极限偏差所围成的方框简图，且靠近公称尺寸的极限偏差画成粗实线，另一侧极限偏差画成粗虚线，如图 6–22c 所示。

在公差带图中，位于公称尺寸上方的极限偏差为正值；位于公称尺寸下方的极限偏差为负值；与公称尺寸重合时，极限偏差为零。

2. 配合

类型相同且待装配的外尺寸要素（轴）和内尺寸要素（孔）之间的关系称为配合。由于孔和轴的实际尺寸不同，配合后会产生间隙或过盈。孔的尺寸减去相配合轴的尺寸之差为正时是间隙，为负时是过盈。

根据实际需要，配合分为间隙配合、过渡配合、过盈配合三类。

（1）间隙配合　间隙配合是指孔和轴装配时总是存在间隙的配合。此时，孔的下极限尺寸大于或极端情况下等于轴的上极限尺寸，即间隙配合还包括最小间隙为零的配合。一般来说，轴在孔中能自由转动或移动。如图 6–23a 所示，孔的公差带（黄色）在轴的公差带（蓝色）之上。

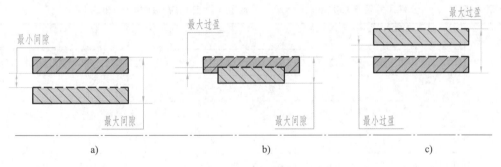

图 6–23　配合类别

a）间隙配合　b）过渡配合　c）过盈配合

（2）过渡配合　孔和轴装配中可能具有间隙或过盈的配合即为过渡配合。轴的实际尺寸比孔的实际尺寸有时小，有时大。孔与轴装配后，轴比孔小时能活动，但比间隙配合稍紧；轴比孔大时不能活动，但比过盈配合稍松。这种情况下，孔的公差带与轴的公差带相互重叠，如图 6–23b 所示。

（3）过盈配合　过盈配合是指孔和轴装配时总是存在过盈的配合。此时，孔的上极限尺寸小于或在极端情况下等于轴的下极限尺寸。实际生产中，孔的实际尺寸总比轴的实际尺寸小，装配时需要一定的外力或将带孔零件加热膨胀后才能把轴装入孔中。因此，轴与孔装配后不能做相对运动。如图 6–23c 所示，孔的公差带在轴的公差带之下。

3. 标准公差与基本偏差

为了满足不同的配合要求，国家标准规定，孔、轴公差带由标准公差和基本偏差两个要素组成。标准公差确定公差带大小，基本偏差确定公差带位置，如图 6–24 所示。

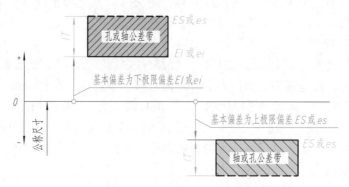

图 6-24　公差带大小及位置

（1）标准公差（IT）　标准公差是指线性尺寸公差 ISO 代号体系中的任一公差。标准公差的数值由公称尺寸和公差等级来确定，其中公差等级确定尺寸的精确程度。标准公差等级标示符由 IT 及其之后的数字组成，如 IT7。标准公差顺次分为 20 个等级，即 IT01、IT0、IT1、…、IT18。IT 表示标准公差，数字表示公差等级。IT01 公差值最小，精度最高；IT18 公差值最大，精度最低。在 20 个标准公差等级中，IT01～IT11 用于配合尺寸，IT12～IT18 用于非配合尺寸。公称尺寸在 3 150 mm 内的各级标准公差数值可查阅表 6-5。

表 6-5　　　　　公称尺寸至 3 150 mm 的标准公差数值（摘自 GB/T 1800.1—2020）

公称尺寸 / mm		标准公差等级																		
		IT01	IT0	IT1	IT2	IT3	IT4	IT5	IT6	IT7	IT8	IT9	IT10	IT11	IT12	IT13	IT14	IT15	IT16	IT17	IT18
大于	至	标准公差值																			
		μm													mm						
—	3	0.3	0.5	0.8	1.2	2	3	4	6	10	14	25	40	60	0.1	0.14	0.25	0.4	0.6	1	1.4
3	6	0.4	0.6	1	1.5	2.5	4	5	8	12	18	30	48	75	0.12	0.18	0.3	0.48	0.75	1.2	1.8
6	10	0.4	0.6	1	1.5	2.5	4	6	9	15	22	36	58	90	0.15	0.22	0.36	0.58	0.9	1.5	2.2
10	18	0.5	0.8	1.2	2	3	5	8	11	18	27	43	70	110	0.18	0.27	0.43	0.7	1.1	1.8	2.7
18	30	0.6	1	1.5	2.5	4	6	9	13	21	33	52	84	130	0.21	0.33	0.52	0.84	13	2.1	3.3
30	50	0.6	1	15	2.5	4	7	11	16	25	39	62	100	160	0.25	0.39	0.62	1	1.6	2.5	3.9
50	80	0.8	1.2	2	3	5	8	13	19	30	46	74	120	190	0.3	0.46	0.74	1.2	1.9	3	4.6
80	120	1	1.5	2.5	4	6	10	15	22	35	54	87	140	220	0.35	0.54	0.87	1.4	2.2	3.5	5.4
120	180	1.2	2	3.5	5	8	12	18	25	40	63	100	160	250	0.4	0.63	1	1.6	2.5	4	6.3
180	250	2	3	4.5	7	10	14	20	29	46	72	115	185	290	0.46	0.72	1.15	1.85	2.9	4.6	7.2
250	315	2.5	4	6	8	12	16	23	32	52	81	130	210	320	0.52	0.81	1.3	2.1	3.2	5.2	8.1
315	400	3	5	7	9	13	18	25	36	57	89	140	230	360	0.57	0.89	1.4	2.3	3.6	5.7	8.9

公称尺寸/ mm		标准公差等级																			
		IT01	IT0	IT1	IT2	IT3	IT4	IT5	IT6	IT7	IT8	IT9	IT10	IT11	IT12	IT13	IT14	IT15	IT16	IT17	IT18
大于	至	标准公差值																			
		μm												mm							
400	500	4	6	8	10	15	20	27	40	63	97	155	250	400	0.63	0.97	1.55	2.5	4	6.3	9.7
500	630			9	11	16	22	32	44	70	110	175	280	440	0.7	1.1	1.75	2.8	4.4	7	11
630	800			10	13	18	25	36	50	80	125	200	320	500	0.8	1.25	2	3.2	5	8	12.5
800	1 000			11	15	21	28	40	56	90	140	230	360	560	0.9	1.4	2.3	3.6	5.6	9	14
1 000	1 250			13	18	24	33	47	66	105	165	260	420	660	1.05	1.65	2.6	4.2	6.6	10.5	16.5
1 250	1 600			15	21	29	39	55	78	125	195	310	500	780	1.25	1.95	3.1	5	7.8	12.5	19.5
1 600	2 000			18	25	35	46	65	92	150	230	370	600	920	1.5	2.3	3.7	6	9.2	15	23
2 000	2 500			22	30	41	55	78	110	175	280	440	700	1 100	1.75	2.8	4.4	7	11	17.5	28
2 500	3 150			26	36	50	68	96	135	210	330	540	860	1 350	2.1	3.3	5.4	8.6	13.5	21	33

（2）基本偏差　基本偏差是确定公差带相对于公称尺寸位置的那个极限偏差。基本偏差可能是上极限偏差或下极限偏差。公差带图中一般是指孔和轴的公差带中与公称尺寸最近的那个极限偏差。当公差带在公称尺寸之上时，基本偏差为下极限偏差；反之则为上极限偏差，如图 6-24 所示。基本偏差标示符用字母表示，孔用大写字母 A、…、ZC 表示，轴用小写字母 a、…、zc 表示。

GB/T 1800.1—2020 对孔和轴各规定了 28 个基本偏差，如图 6-25 所示。其中 A ~ H（a ~ h）用于间隙配合，J ~ ZC（j ~ zc）用于过渡配合和过盈配合。基本偏差只表示公差带的位置，不表示公差带的大小，因此，公差带的一端是开口的，开口的另一端由标准公差限定。

附表 10 和附表 11 给出了用于孔公差的带有正负号的基本偏差值；附表 12 和附表 13 给出了用于轴公差的带有正负号的基本偏差值。

基本偏差和标准公差等级确定后，孔和轴的公差带位置和大小就可确定，这时它们的配合性质也确定了。

根据尺寸公差的定义，由基本偏差和标准公差可计算出另一极限偏差，即有以下公式：

$$ES=EI+IT \text{ 或 } EI=ES-IT$$
$$es=ei+IT \text{ 或 } ei=es-IT$$

公差带代号是基本偏差和标准公差等级的组合。对于轴和孔，公差带代号分别由代表孔基本偏差的大写字母和轴基本偏差的小写字母与代表标准公差等级的数字的组合标示。例如：

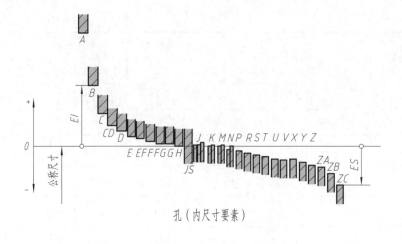

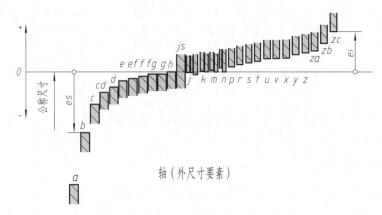

图 6-25　公差带（基本偏差）相对于公称尺寸的位置

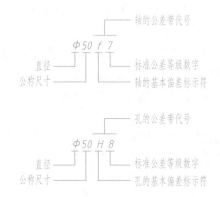

它们的极限偏差数值可分别通过查表 6-5、附表 10、附表 12 和计算得到，轴的尺寸为 $\phi 50\,_{-0.050}^{-0.025}$，孔的尺寸为 $\phi 50\,_{0}^{+0.039}$。

4. 配合制

在制造互相配合的零件时，使其中一种零件作为基准件，它的基本偏差固定，通过改变另一种非基准件的基本偏差来获得各种不同性质的配合。由线性尺寸公差 ISO 代号体系确定公差的孔和轴组成的一种配合制度，称为 ISO 配合制。根据生产实际需要，国家标准规定了以下两种配合制。

（1）基孔制配合　基孔制配合是指孔的基本偏差为零的配合，即其下极限偏差等于零。基孔制配合的孔称为基准孔，其基本偏差标示符为 H，下极限偏差为零，即它的下极限尺寸等于公称尺寸。图 6-26 所示为采用基孔制配合所得到的各种不同程度的配合。

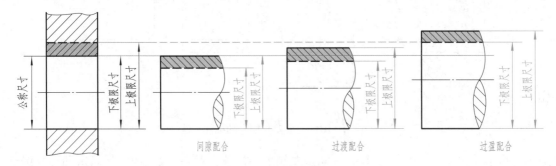

图 6-26　基孔制配合

（2）基轴制配合　基轴制配合是轴的基本偏差为零的配合，即其轴的上极限偏差等于零。基轴制配合的轴称为基准轴，其基本偏差标示符为 h，上极限偏差为零，即它的上极限尺寸等于公称尺寸。图 6-27 所示为采用基轴制配合所得到的各种不同程度的配合。

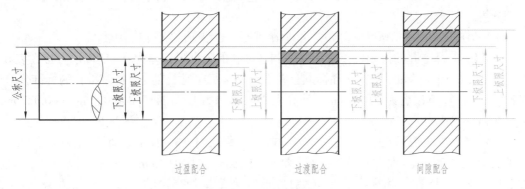

图 6-27　基轴制配合

5．极限与配合的标注及查表方法

（1）在装配图上的标注形式　在装配图上标注配合代号，采用组合式注法，如图 6-28a 所示，在公称尺寸 φ18 和 φ14 后面分别用一分式表示：分子为孔的公差带代号，分母为轴的公差带代号。通常分子中含 H 的为基孔制配合，分母中含 h 的为基轴制配合。

（2）在零件图上的标注形式　在零件图上标注公差带代号有以下三种形式：

1）在孔或轴的公称尺寸后面注出基本偏差标示符和标准公差等级，用公称尺寸数字的同号字体书写，如图 6-28b 中的 φ18H7。这种形式用于大批量生产的零件图。

2）在孔或轴的公称尺寸后面注出极限偏差值。上极限偏差注写在公称尺寸的右上方，下极限偏差注写在公称尺寸的同一底线上，极限偏差值的字号比公称尺寸数字的字号小一号，如图 6-28c 中的 $\phi18^{+0.029}_{+0.018}$ 和 $\phi14^{+0.045}_{+0.016}$。若上、下极限偏差相同，而符号相反，则可简化标注，如 φ50±0.02（小数点后的最后一位数若为零，可省略不写）。若上极限偏差或下极

— 151 —

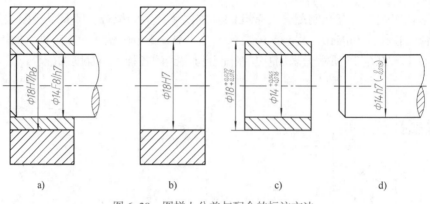

图 6-28　图样上公差与配合的标注方法

限偏差为零，应注明"0"，且与另一偏差左侧第一位数字对齐，如 $\phi30^{+0.125}_{0}$。这种形式用于单件或小批量生产的零件图。

3）在孔或轴的公称尺寸后面，既注出基本偏差标示符和公差等级，又注出偏差数值（偏差数值加括号），如图 6-28d 中的 $\phi14h7$（$^{0}_{-0.018}$）。这种形式用于生产批量不定的零件图。

（3）极限偏差值的查表方法示例

例　查表写出 $\phi18H8/f7$ 和 $\phi14N7/h6$ 的偏差数值，并说明属于何种配合制度的配合。

分析

（1）$\phi18H8/f7$ 中的 H8 为基准孔的公差带代号，f7 为轴的公差带代号。

1）$\phi18H8$ 基准孔的极限偏差　因基孔制基准孔的下极限偏差为 0，所以可直接在表 6-5 中由公称尺寸 10～18 mm 所在行和标准公差等级 IT8 所在列汇交处查得基准孔的标准公差值为 27 μm，换算单位后为 0.027 mm，计算上极限偏差为 ES=EI+IT=0+0.027 mm=+0.027 mm，标注为 $\phi18^{+0.027}_{0}$。

2）$\phi18f7$ 轴的极限偏差　在附表 12 中由公称尺寸 14～18 mm 所在行和公差带 f 所在列汇交处查得基本偏差即上极限偏差为 –16 μm（即 –0.016 mm）；在表 6-5 中由公称尺寸 10～18 mm 所在行和标准公差等级 IT7 所在列汇交处查得的标准公差值为 18 μm（即 0.018 mm），计算轴的下极限偏差 ei=es–IT=–0.016 mm–0.018 mm=–0.034 mm，标注为 $\phi18^{-0.016}_{-0.034}$。

从 $\phi18H8/f7$ 公差带图（图 6-29a）中可以看出，孔的公差带在轴的公差带之上，所以该配合为基孔制间隙配合。$\phi18H8/f7$ 的含义：公称尺寸为 18 mm、公差等级为 8 级的基准孔，与相同公称尺寸、公差等级为 7 级、基本偏差为 f 的轴组成的间隙配合。

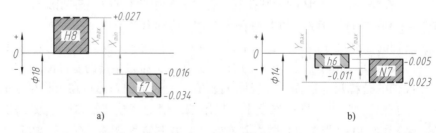

图 6-29　公差带图
a）$\phi18H8/f7$　b）$\phi14N7/h6$

（2）$\phi14N7/h6$ 中的 h6 为基准轴的公差带代号，N7 为孔的公差带代号。

1）$\phi14h6$ 基准轴的极限偏差　基准轴的上极限偏差为 0，这也可在附表 12 中由公称尺寸 10~14 mm 所在行和基本偏差标示符 h 所在列汇交处查得 0 μm（即 0 mm）；在表 6-5 中由公称尺寸 10~18 mm 所在行和标准公差等级 IT6 所在列汇交处查得的标准公差值为 11 μm（即 0.011 mm），计算轴的下极限偏差为 ei=es-IT=0-0.011 mm=-0.011 mm，标注为 $\phi14{}_{-0.011}^{0}$。

2）$\phi14N7$ 孔的极限偏差　在附表 11 中由公称尺寸 10~14 mm 所在行分别与基本偏差标示符 N（≤IT8）和 Δ 值（IT7）所在列汇交处查得（-12+Δ）μm 和 7 μm，即上极限偏差 ES=-12 μm+7 μm=-5 μm=-0.005 mm；在表 6-5 中由公称尺寸 10~18 mm 所在行和标准公差等级 IT7 所在列汇交处查得的标准公差值为 18 μm（即 0.018 mm），计算轴的下极限偏差为 EI=ES-IT=-0.005-0.018 mm=-0.023 mm，标注为 $\phi14{}_{-0.023}^{-0.005}$。

从 $\phi14N7/h6$ 的公差带图（图 6-29b）中可以看出，孔的公差带与轴的公差带重叠，该配合为基轴制过渡配合。$\phi14N7/h6$ 的含义：公称尺寸为 14 mm、公差等级为 6 级的基准轴，与相同公称尺寸、公差等级为 7 级、基本偏差为 N 的孔组成的过渡配合。

从 $\phi18H8/f7$ 的公差带图中可以看出，最大间隙 X_{max} 为 +0.061 mm，最小间隙 X_{min} 为 +0.016 mm；从 $\phi14N7/h6$ 的公差带图中可以看出，最大间隙 X_{max} 为 +0.006 mm，最大过盈 Y_{max} 为 -0.023 mm。

查表时要注意尺寸段的划分，如 $\phi18$ 要划在 10~18 mm 的尺寸段内，而不要划在 18~30 mm 的尺寸段内。

三、几何公差

1. 基本概念

零件在加工过程中，不仅会产生尺寸误差，也会出现形状和相对位置误差。如加工轴时可能会出现轴线弯曲或大小头的现象，这就是零件形状误差。如图 6-30a 所示圆柱销，除了注出直径的尺寸公差外，还标注了圆柱轴线的形状公差（直线度）代号，它表示圆柱实际轴线必须限定在 $\phi0.006$ mm 的圆柱面内。又如图 6-30b 所示，箱体上的两个孔是安装锥齿轮轴的孔，如果两孔的轴线歪斜太大，势必影响一对锥齿轮的啮合传动。为了保证锥齿轮正常啮合，必须标注方向公差——垂直度。图中代号的意义是水平孔的轴线必须位于距离为 0.05 mm 且垂直于另一个孔轴线的两平行平面之间。

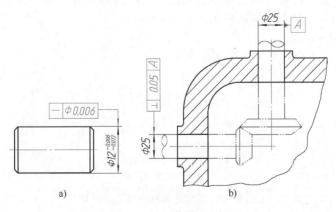

图 6-30　几何公差示例

153

由此可见，为保证所加工零件的装配和使用要求，在图样上除给出尺寸公差、表面结构要求外，还有必要给出几何公差（形状公差、方向公差、位置公差和跳动公差）要求。几何公差在图样上的注法应遵照 GB/T 1182—2018 的规定。

2. 几何公差符号

几何公差的几何特征和符号见表 6-6。

表 6-6 几何公差的几何特征和符号

公差类型	几何特征	符号	有无基准	公差类型	几何特征	符号	有无基准
形状公差	直线度	─	无	位置公差	位置度	⊕	有或无
	平面度	▱	无		同心度（用于中心点）	◎	有
	圆度	○	无		同轴度（用于轴线）	◎	有
	圆柱度	⌭	无				
	线轮廓度	⌒	无		对称度	═	有
	面轮廓度	⌓	无		线轮廓度	⌒	有
方向公差	平行度	∥	有		面轮廓度	⌓	有
	垂直度	⊥	有	跳动公差	圆跳动	↗	有
	倾斜度	∠	有				
	线轮廓度	⌒	有		全跳动	↗↗	有
	面轮廓度	⌓	有				

3. 几何公差在图样上的标注

（1）公差框格与基准符号 如图 6-31a 所示，几何公差框格用细实线绘制，分成两格或多格，框格高度是图中尺寸数字高度的 2 倍，框格长度根据需要而定。框格中的字母、数字与图中数字等高。几何公差项目符号的线宽为图中数字高度的 1/10，框格应水平或垂直绘制。图 6-31b 所示为标注带有基准要素几何公差时所用的基准符号。其基准字母注写在基准细实线方格内，与一个涂黑的三角形相连。

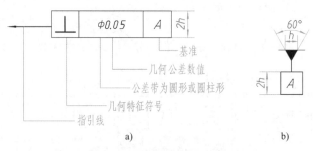

a) b)

图 6-31 几何公差框格与基准符号

a）几何公差代号 b）基准符号

（2）被测要素的标注　按下列方式之一用指引线连接被测要素和公差框格。指引线引自框格的任意一侧，终端带一箭头。

1）当被测要素为轮廓线或轮廓面时，指引线的箭头指向该要素的轮廓线或其延长线上（应与尺寸线明显错开），如图6-32a、b所示。箭头也可指向引出线的水平线，引出线引自被测面，如图6-32c所示。

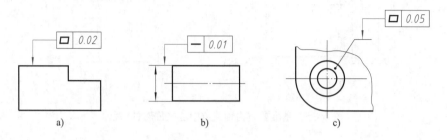

图 6-32　被测要素与公差框格

2）当被测要素为轴线或中心平面时，箭头应位于尺寸线的延长线上，如图6-33a所示。公差值前加注 φ，表示给定的公差带为圆形或圆柱形。

（3）基准要素的标注　基准要素是零件上用于确定被测要素方向和位置的点、线或面，用基准符号表示，表示基准的字母也应注写在公差框格内，如图6-33b所示。

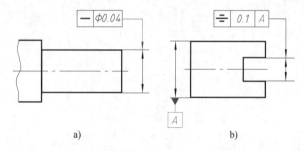

图 6-33　被测要素为轴线或中心平面时的注法

带基准字母的基准三角形应按以下规定放置：

1）当基准要素为轮廓线或轮廓面时，基准三角形放置在要素的轮廓线或其延长线上（应与尺寸线明显错开），如图6-34所示。

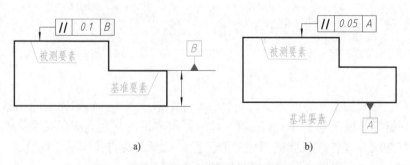

图 6-34　基准要素为轮廓线或轮廓面时的注法

2）当基准要素为轴线或中心平面时，基准三角形应放置在该尺寸线的延长线上，如图 6-35a 所示。如果没有足够的位置标注基准要素尺寸的两个尺寸箭头，则其中一个箭头可用基准三角形代替，如图 6-35b 所示。

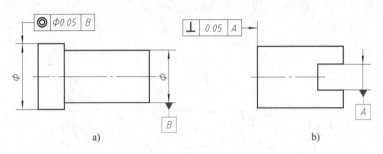

图 6-35　基准要素为轴线或中心平面时的注法

4. 几何公差标注示例

图 6-36 所示为气门阀杆几何公差标注示例。从图中可以看到，当被测要素为轮廓要素时，从框格引出的指引线箭头应指在该要素的轮廓线或其延长线上。当被测要素为轴线或对称中心线（中心要素）时，应将箭头与该要素的尺寸线对齐，如 M8×1 轴线的同轴度注法。当基准要素为轴线时，应将基准符号与该要素的尺寸线对齐，如图 6-36 中的基准 A。

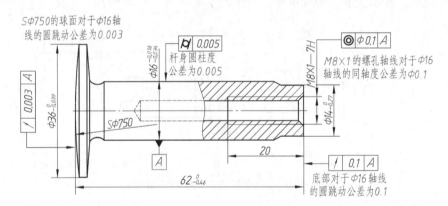

图 6-36　几何公差标注示例

§6-6　读零件图

零件图是制造和检验零件的依据，是反映零件结构、大小和技术要求的载体。读零件图的目的就是根据零件图想象零件的结构和形状，了解零件的制造方法和技术要求。为了读懂零件图，最好能结合零件在机器或部件中的位置、功能以及与其他零件的装配关系来读图。下面通过球阀中的主要零件介绍识读零件图的方法和步骤。

球阀是管路系统中的一个开关，从图 6-37 所示球阀轴测装配图中可以看出，球阀的工作原理是驱动扳手使阀杆和阀芯转动，从而控制球阀的启闭。阀杆和阀芯包容在阀体内，阀盖通过四个螺柱与阀体连接。通过以上分析，即可清楚了解球阀中主要零件的功能以及零件间的装配关系。

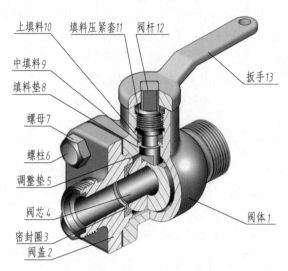

图 6-37　球阀轴测装配图

一、阀杆（图 6-38）

1. 结构分析

对照球阀轴测装配图可以看出，阀杆是轴套类零件，阀杆上部为四棱柱，与扳手的方孔配合；阀杆下部带球面的凸榫插入阀芯上部的通槽内，以便使用扳手带动阀杆和阀芯旋转，控制球阀的启闭和流量。

2. 表达分析

阀杆零件图用一个基本视图和一个断面图表达，轴套类零件一般在车床上加工，所以阀杆主视图按加工位置水平横放。左端的四棱柱采用移出断面图表示。

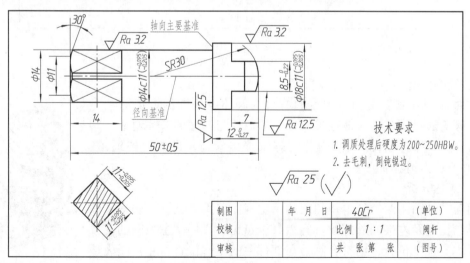

图 6-38　阀杆

3. 尺寸分析

阀杆以水平轴线作为径向尺寸基准，也是高度和宽度方向的尺寸基准，由此注出径向各部分尺寸 $\phi14$、$\phi11$、$\phi14c11\left(^{-0.095}_{-0.205}\right)$、$\phi18c11\left(^{-0.095}_{-0.205}\right)$。凡尺寸数字后面注写公差带代号或偏差值的，一般是指零件该部分与其他零件有配合关系。如 $\phi14c11\left(^{-0.095}_{-0.205}\right)$ 和 $\phi18c11\left(^{-0.095}_{-0.205}\right)$ 分别与球阀中的填料压紧套和阀体有配合关系（图 6-37），所以表面质量的要求较高，Ra 值为 $3.2~\mu m$。

选择表面粗糙度 Ra 值为 $12.5~\mu m$ 的中间圆柱端面作为阀杆长度方向的主要尺寸基准（轴向主要基准），由此注出尺寸 $12^{~0}_{-0.27}$；以右端面为轴向的第一辅助基准，注出尺寸 7、50 ± 0.5；以左端面为轴向的第二辅助基准，注出尺寸 14。

阀杆经过调质处理后硬度应达到 $200\sim250\mathrm{HBW}$，以提高材料的韧性和强度。

二、阀盖（图 6-39）

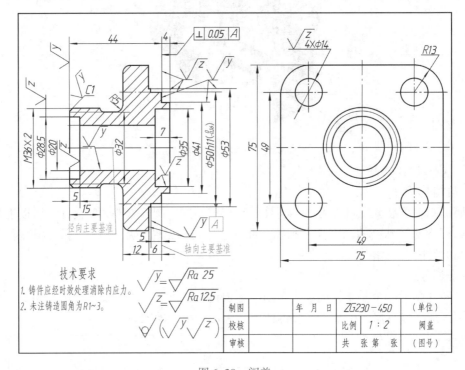

图 6-39　阀盖

1. 结构分析

对照球阀轴测装配图，阀盖的右边与阀体有相同的方形法兰盘结构。阀盖通过螺柱与阀体连接，中间的通孔与阀芯的通孔对应。阀盖的左侧有与阀体右侧相同的外管螺纹连接管道，形成流体通道。图 6-40 所示为阀盖轴测图。

2. 表达分析

阀盖零件图用两个基本视图表达，主视图采用全剖视，表示零件的空腔结构以及左端的外螺纹。阀盖属于盘盖类零件。主视图的安放既符合主要加工位置，也符合阀盖在部件中的工作位置。左视图表达了带圆角的方形凸缘和四个均布的通孔。

图 6-40　阀盖轴测图

— 158 —

3. 尺寸分析

多数盘盖类零件的主体部分是回转体，所以通常以轴孔的轴线作为径向主要基准，由此注出阀盖各部分同轴线的直径尺寸，方形凸缘也用它作为高度和宽度方向的尺寸基准。在注有公差的尺寸 $\phi 50h11$（$^{0}_{-0.16}$）处，表明在这里与阀体有配合要求。

以阀盖的重要端面（右端凸缘端面）作为轴向主要基准，即长度方向的主要尺寸基准，由此注出尺寸 4、44 以及 5、6 等。有关长度方向的辅助基准和联系尺寸请读者自行分析。

4. 了解技术要求

阀盖是铸件，需要进行时效处理，以消除内应力。视图中有小圆角（铸造圆角为 $R1 \sim 3\ mm$）过渡的表面是非加工表面。对照球阀轴测装配图可以看出，注有尺寸公差的尺寸 $\phi 50h11$（$^{0}_{-0.16}$）所对应部位与阀体有配合关系，但由于相互之间没有相对运动，所以表面质量要求不高，Ra 值为 $12.5\ \mu m$。作为长度方向主要尺寸基准的端面，相对阀盖 $\phi 50h11$（$^{0}_{-0.16}$）凸缘水平轴线的垂直度公差为 $0.05\ mm$。

三、阀体（图 6-41）

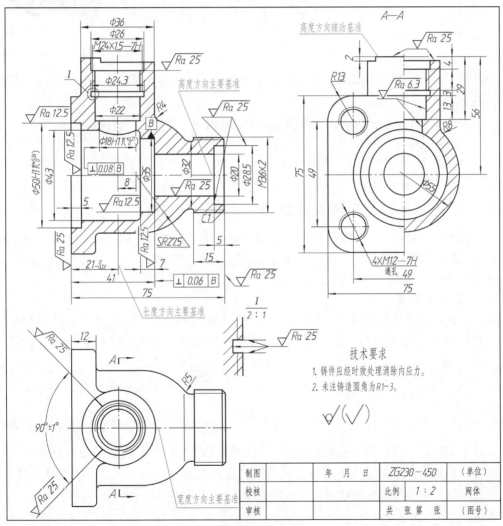

图 6-41　阀体

1. 结构分析

阀体的作用是支承和包容其他零件，它属于箱体类零件。阀体的结构特征明显，是一个具有三通管式空腔的零件。水平方向空腔容纳阀芯和密封圈（在空腔右侧 $\phi35$ 圆柱形槽内放密封圈）；阀体右侧有外管螺纹与管道相通，形成流体通道；阀体左侧有 $\phi50H11\left(^{+0.16}_{0}\right)$ 圆柱形槽与阀盖右侧 $\phi50h11\left(^{0}_{-0.16}\right)$ 圆柱形凸缘相配合。竖直方向的空腔容纳阀杆、填料和填料压紧套等零件，孔 $\phi18H11\left(^{+0.11}_{0}\right)$ 与阀杆下部凸缘 $\phi18c11\left(^{-0.095}_{-0.205}\right)$ 相配合，阀杆凸缘在这个孔内转动。

2. 表达分析

阀体采用三个基本视图，主视图采用全剖视，表达零件的空腔结构；左视图的图形对称，采用半剖视，既表达零件空腔的结构和形状，也表达零件外部的结构和形状；俯视图表达阀体俯视方向的外形。将三个视图综合起来想象阀体的结构和形状，并仔细看懂各部分的局部结构。如俯视图中标注 $90°\pm1°$ 的两段粗短线，对照主视图和左视图看懂 $90°$ 扇形限位块，它是用来控制扳手和阀杆旋转角度的。

图 6-42 所示为阀体轴测图。

图 6-42　阀体轴测图

3. 尺寸分析

阀体的结构和形状比较复杂，标注的尺寸很多，这里仅分析其中一些主要尺寸，其余尺寸请读者自行分析。

（1）以阀体水平孔轴线为高度方向主要基准，注出水平方向孔的直径尺寸 $\phi50H11\left(^{+0.16}_{0}\right)$、$\phi43$、$\phi35$、$\phi32$、$\phi20$、$\phi28.5$ 以及右端外螺纹 M36×2 等，同时注出水平孔轴线到顶端的高度尺寸 56（在左视图上）。

（2）以阀体铅垂孔轴线为长度方向主要基准，注出 $\phi36$、$\phi26$、M24×1.5—7H、$\phi22$、$\phi18H11\left(^{+0.11}_{0}\right)$ 等，同时注出铅垂孔轴线到左端面的距离 $21^{\ 0}_{-0.13}$。

（3）以阀体前后对称面为宽度方向主要基准，在左视图上注出阀体的圆柱外形尺寸 $\phi55$、左端面方形凸缘外形尺寸 75×75，以及四个螺孔的宽度方向定位尺寸 49，同时，在俯视图上注出前后对称的扇形限位块的角度尺寸 $90°\pm1°$。

4. 了解技术要求

通过上述尺寸分析可以看出，阀体中比较重要的尺寸都标注了偏差数值，与此相对应的表面质量要求也较高，Ra 值一般为 6.3 μm。阀体左端和空腔右端的台阶孔 $\phi50H11\left(^{+0.16}_{0}\right)$、$\phi35$ 分别与密封圈（垫）有配合关系，但因密封圈的材料为塑料，所以相应的表面质量要求稍低，Ra 的上限值为 12.5 μm。零件上不太重要的加工表面粗糙度 Ra 值一般为 25 μm。

主视图中对于阀体的几何公差要求如下：空腔右端面相对于 $\phi35$ 轴线的垂直度公差为 0.06 mm；$\phi18H11\left(^{+0.11}_{0}\right)$ 圆柱孔轴线相对于 $\phi35$ 圆柱孔轴线的垂直度公差为 0.08 mm。

在零件图的标题栏和第九章装配图的明细栏中均有零件材料一项，关于金属材料（铁、钢、有色金属）的牌号或代号以及有关说明见附表 14 和附表 15。

思考

识读图 6-43 所示支架零件图，讨论后填空，并补画出 A—A 剖视图。

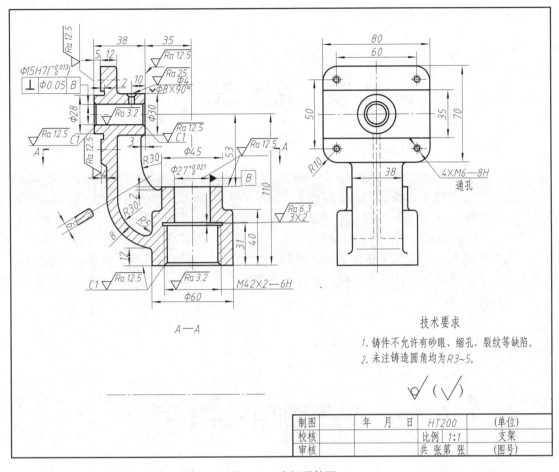

图 6-43　支架零件图

1. 支架由_____个图形表达，分别为_____图、_____图和_____图。
2. 支架长、宽、高方向的主要基准分别是_____

   _____。
3. 指出图中高度方向的定位尺寸：_____。
4. M42×2—6H 是_____螺纹，公称直径为_____，螺距为_____，6H 是_____。
5. φ15H7 是指_____。
6. ⊥│φ0.05│B 表示_____的轴线对_____的_____公差为_____。
7. 该零件表面粗糙度有_____级，分别是_____。
8. 归纳支架及叉架类零件表达方法的一般规律。

— 161 —

第7章

装 配 图

本章提要

表示机器（或部件）的图样称为装配图。表示一台完整机器的图样称为总装配图；表示一个部件的图样称为部件装配图。

装配图是表达机器（或部件）整体结构、形状和装配连接关系的，用以指导机器的装配、检验、调试和维修。本章将介绍装配图的表示法和画法，以及识读装配图和拆画零件图的方法与步骤。

§7-1　装配图的内容和表示法

一、装配图的内容

从图 7-1 所示滑动轴承装配图（参阅图 6-1 所示滑动轴承轴测分解图）中可以看出，一张完整的装配图包括以下几项基本内容。

1. 一组图形

装配图中的一组图形用来表达机器（或部件）的工作原理、装配关系和结构特点。前面所述机件的表达方法可以用来表达装配图，但由于装配图表达重点不同，还需要一些规定的表示法和特殊的表示法。

2. 必要的尺寸

标注出反映机器（或部件）的规格（性能）尺寸、安装尺寸、零件之间的装配尺寸以及外形尺寸等。

3. 技术要求

用文字或符号注写机器（或部件）的质量、装配、检验、使用等方面的要求。

4. 标题栏、零件序号和明细栏

根据生产组织和管理的需要，在装配图上对每个零件编注序号，并填写明细栏。在标题栏中注明装配体的名称、图号、绘图比例及有关人员的责任签字等。

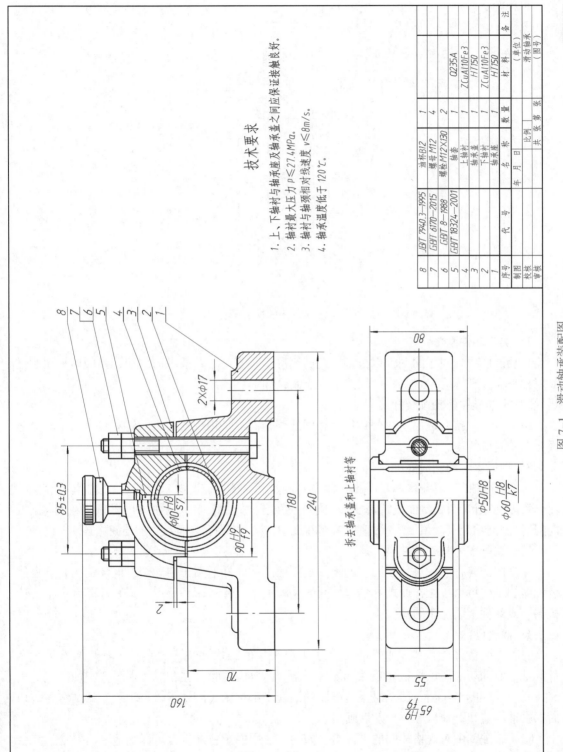

技术要求

1. 上、下轴衬与轴承座及轴承盖之间应保证接触良好。
2. 轴衬最大压力 $p \leqslant 27.4MPa$。
3. 轴衬与轴颈相对线速度 $v \leqslant 8m/s$。
4. 轴承温度低于 $120℃$。

序号	代 号	名 称	数量	材 料	备 注
8	JB/T 7940.3—1995	油杯B12	1		
7	GB/T 6170—2015	螺母M12	4		
6	GB/T 8—1988	螺栓M12×130	2		
5		轴套	1	Q235A	
4		上轴衬	1	ZCuAl10Fe3	
3		轴承盖	1	HT150	
2		下轴衬	1	ZCuAl10Fe3	
1		轴承座	1	HT150	
制图			年 月 日	比例	（单位） 滑动轴承
校核					（图号）
审核				共 张 第 张	

图 7-1 滑动轴承装配图

二、装配图画法的基本规则

根据国家标准的有关规定，并综合前面章节中的有关表述，装配图画法有以下基本规则（图7-2）：

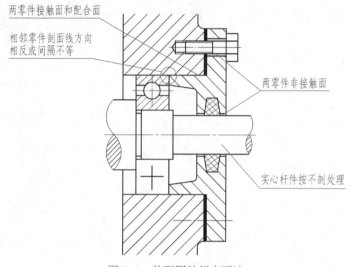

图 7-2　装配图的规定画法

1. 实心零件画法

在装配图中，对于紧固件以及轴、键、销等实心零件，若按纵向剖切，且剖切平面通过其对称平面或轴线时，这些零件均按不剖绘制，如轴、螺钉等。

2. 相邻零件的轮廓线画法

两个零件的接触表面（或公称尺寸相同的配合面）只用一条共有的轮廓线表示；非接触面画两条轮廓线。

3. 相邻零件的剖面线画法

在剖视图中，相接触的两零件的剖面线方向应相反或间隔不等。三个或三个以上零件相接触时，除其中两个零件的剖面线倾斜方向不同外，第三个零件应采用不同的剖面线间隔或者与同方向的剖面线位置错开。值得注意的是，在各视图中，同一零件的剖面线方向与间隔必须一致。

三、装配图的特殊画法

零件图的各种表示法（视图、剖视图、断面图）同样适用于装配图，但装配图着重表达装配体的结构特点、工作原理和各零件间的装配关系。针对这一特点，国家标准制定了表达机器（或部件）装配图的特殊画法。

1. 简化画法

（1）在装配图中，当某些零件遮住了需要表达的结构和装配关系时，可假想沿某些零件的结合面剖切或假想将某些零件拆卸后绘制。需要说明时，在相应的视图上方加注"拆去××等"。 如图 7-1 所示滑动轴承装配图的俯视半剖视图是沿轴承盖与轴承座的结合面剖切后拆去轴承盖和上轴衬等再投射后画出的。

（2）装配图中对规格相同的零件组，如图 7-2 中的螺钉连接，可详细地画出一处，其余用细点画线表示其装配位置。

（3）在装配图中，零件的工艺结构（如倒角、圆角、退刀槽等）允许省略不画。

（4）在装配图中，当剖切平面通过某些标准产品的组合件，或该组合件已由其他图形表达清楚时，可只画出外形轮廓，如图 7-1 的件 8 油杯。装配图中的滚动轴承允许一半采用规定画法，另一半采用通用画法（图 7-2）。

2. 特殊画法

（1）夸大画法　在装配图中，对于薄片零件或微小间隙，无法按其实际尺寸画出，或图线密集难以区分时，可将零件或间隙适当夸大画出，如图 7-2 中的垫片。

（2）假想画法　为了表示与本部件有装配关系，但又不属于本部件的其他相邻零部件时，可采用假想画法，将其他相邻零、部件用细双点画线画出，如图 7-3 中的杠杆。

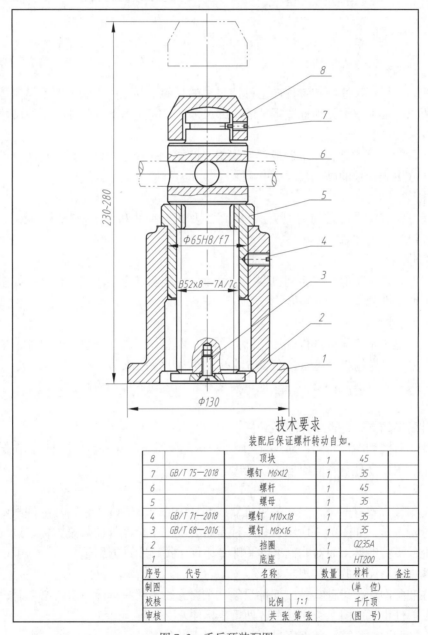

技术要求

装配后保证螺杆转动自如。

8		顶块	1	45	
7	GB/T 75—2018	螺钉 M6×12	1	35	
6		螺杆	1	45	
5		螺母	1	35	
4	GB/T 71—2018	螺钉 M10×18	1	35	
3	GB/T 68—2016	螺钉 M8×16	1	35	
2		挡圈	1	Q235A	
1		底座	1	HT200	
序号	代号	名称	数量	材料	备注
制图				(单 位)	
校核		比例	1:1	千斤顶	
审核		共 张 第 张		(图 号)	

图 7-3　千斤顶装配图

— 165 —

为了表示运动零件的运动范围或极限位置，可用粗实线画出该零件的一个极限位置，另一个极限位置则用细双点画线表示，如图7–3中的顶块。

§7-2 装配图的尺寸标注、零部件序号和明细栏

一、装配图的尺寸标注

在装配图上标注尺寸与在零件图上标注尺寸的目的不同，因为装配图不是制造零件的直接依据，所以在装配图中无须标注零件的全部尺寸，只需注出下列几种必要的尺寸：

1. 规格（性能）尺寸

规格（性能）尺寸是表示机器或部件规格（性能）的尺寸，是设计和选用部件的主要依据。如图7–3中千斤顶的高度尺寸230～280。

2. 装配尺寸

装配尺寸是表示零件之间装配关系的尺寸，如配合尺寸和重要相对位置尺寸。如图7–3中螺母与底座配合尺寸 ϕ65H8/f7。

3. 安装尺寸

安装尺寸是表示将部件安装到机器上或将整机安装到基座上所需的尺寸。如图7–1中轴承座底板上两个孔的定位尺寸180。

4. 外形尺寸

外形尺寸是表示机器或部件外形轮廓的大小，即总长、总宽和总高的尺寸，如图7–3中尺寸 ϕ130、230，为包装、运输、安装所需的空间大小提供依据。

除上述尺寸外，有时还要标注其他重要尺寸，如运动零件的极限位置尺寸、主要零件的重要结构尺寸等。

二、装配图的零、部件序号和明细栏

为了便于看图和图样管理，对装配图中的所有零、部件均需编号。同时，在标题栏上方的明细栏中与图中序号一一对应地予以列出。

1. 序号

常用的编号方式有两种：一种是对机器或部件中的所有零件（包括标准件和专用件）按一定顺序进行编号，如图7–3所示；另一种是将装配图中标准件的数量、标记按规定标注在图上，标准件不占编号，而对非标准件（即专用件）按顺序进行编号。

装配图中编写序号的一般规定如下：

（1）在装配图中，每种零件或部件只编一个序号，一般只标注一次。必要时，多处出现的相同零、部件也可用同一个序号在各处重复标注。

（2）在装配图中，零、部件序号的编写有以下两种方式：

1）在指引线的基准线（细实线）上或圆（细实线圆）内注写序号，序号字高比该装配图上所注尺寸数字的高度大一号或两号，如图7-4a、b所示。

2）在指引线附近注写序号，序号字高比该装配图上所注尺寸数字的高度大一号或两号，如图7-4c所示。

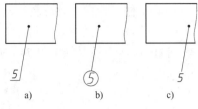

图7-4　序号的注法

（3）指引线应自所指部分的可见轮廓内引出，并在末端画一圆点，如图7-5所示。若所指部分（很薄的零件或涂黑的断面）不便画圆点时，可在指引线末端画出箭头，并指向该部分的轮廓，如图7-5所示。

（4）指引线不能相互交叉，当通过剖面线的区域时，指引线不能与剖面线平行。必要时允许将指引线画成折线，但只允许转折一次。

（5）对一组紧固件或装配关系清楚的零件组，可以采用公共指引线，如图7-6所示。

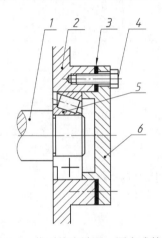

图7-5　指引线末端画一圆点或箭头

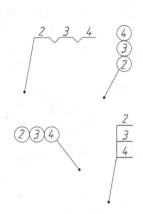

图7-6　公共指引线

（6）同一装配图编注序号的形式应一致。

（7）序号应标注在视图的外面。装配图中的序号应按水平或铅垂方向排列整齐，并按顺时针或逆时针方向顺序排列，尽可能均匀分布。

2. 明细栏

明细栏是装配图中全部零件的详细目录，其格式详见国家标准《技术制图　明细栏》（GB/T 10609.2—2009）。明细栏画在装配图标题栏的上方，栏内分隔线为粗实线，左边外框线为粗实线，栏中的编号与装配图中的零、部件序号必须一致。填写内容应遵守下列规定：

（1）零件序号应自下而上。如位置不够时，可将明细栏顺序画在标题栏的左方（参见图7-13）。当装配图不能在标题栏的上方配置明细栏时，可作为装配图的续页，按A4幅面单独给出，其顺序应自上而下（即序号1填写在最上面一行）。

（2）"代号"栏内注出零件的图样代号或标准件的标准编号，如GB/T 891—1986。

（3）"名称"栏内注出每种零件的名称，若为标准件应注出规定标记中除标准号以外的其余内容，如螺钉M6×18。对齿轮、弹簧等具有重要参数的零件，还应注出参数。

— 167 —

（4）"材料"栏内填写制造该零件所用的材料标记，如 HT150。

（5）"备注"栏内可填写必要的附加说明或其他有关的重要内容，如齿轮的齿数、模数等。制图作业中建议使用图 7-7 所示的格式。

8	JB/T 7940.3—1995	油杯 B12	1		
7	GB/T 6170—2015	螺母 M12	4		
6	GB/T 8—1988	螺栓 M12×130	2		
5	GB/T 18324—2001	轴套	1	Q235A	
4		上轴衬	1	ZCuAl10Fe3	
3		轴承盖	1	HT150	
2		下轴衬	1	ZCuAl10Fe3	
1		轴承座	1	HT150	
序号	代 号	名 称	数量	材料	备注
制图		年 月 日		（单位）	
校核		比例		滑动轴承	
审核		共 张 第 张		（图号）	

图 7-7　标题栏和明细栏的格式

§7-3　常见的装配结构

在绘制装配图时，应考虑装配结构的合理性，以保证机器和部件的性能，使其连接可靠且便于零件装拆。

一、接触面与配合面结构的合理性

1．两个零件在同一方向上只能有一个接触面和配合面，如图 7-8 所示。

2．为保证轴肩端面与孔端面接触，可在轴肩处加工出退刀槽，或在孔的端面加工出倒角，如图 7-9 所示。

二、密封装置

为防止机器或部件内部的液体或气体向外渗漏，同时也避免外部的灰尘、杂质等侵入，必须采用密封装置。图 7-10a、b 所示为两种典型的密封装置，通过压盖或螺母将填料压紧而起防漏作用。

滚动轴承需要进行密封，一方面是防止外部的灰尘和水分进入轴承；另一方面也要防止轴承的润滑剂渗漏。常见的密封方法如图 7-10c 所示。

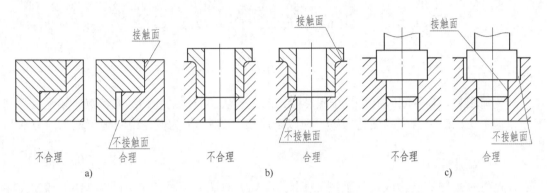

图 7-8　常见的装配结构（一）

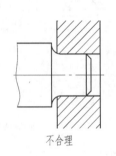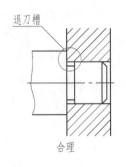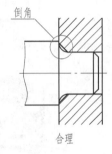

图 7-9　常见的装配结构（二）

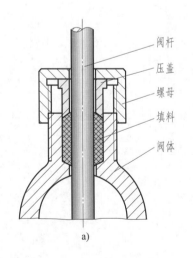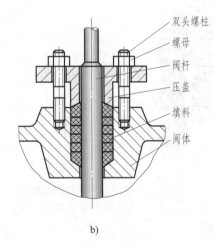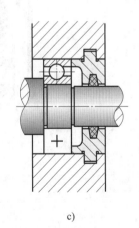

图 7-10　密封装置

画装配图和画零件图的方法与步骤类似，但还要从装配体的整体结构特点、装配关系和工作原理考虑，确定恰当的表达方案。现以千斤顶（图7-3）为例，说明画装配图的方法与步骤。

一、了解及分析装配体

首先将装配体的实物或装配轴测图（图7-11a）对照装配示意图（图7-11b）和配套零件图（略）进行分析，了解装配体的用途、结构特点，各零件的形状、作用和零件间的装配关系，以及工作原理、装拆顺序等。

千斤顶由3个标准件和5个专用零件构成。利用杠杆带动螺杆6旋转，螺杆6与螺母5靠螺纹配合，且螺母5与底座1用螺钉4固定不动，从而使螺杆6升降，即利用螺旋传动来顶举重物。挡圈2靠螺钉3与螺杆6连接起限位作用。

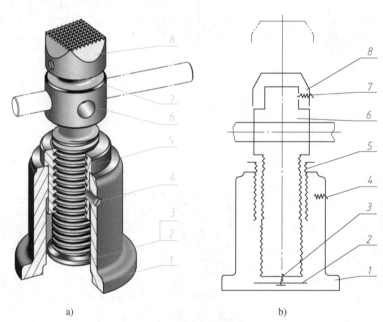

a)   b)

图7-11 千斤顶装配轴测图和装配示意图
a）装配轴测图 b）装配示意图

二、确定表达方案

1. 主视图的选择

主视图的投射方向应能反映装配体的工作位置和总体结构特征，同时能较集中地反映装配体的主要装配关系和工作原理。千斤顶按工作位置放置，主视图是通过螺杆6的轴线作全剖视，如图 7-3 所示。为清楚地反映千斤顶的功能和螺杆活动范围，上端采用了假想画法，用细双点画线画出顶块的极限位置。

2. 其他视图的选择

选择其他视图时，主要应考虑对尚未表达清楚的装配关系及零件形状等加以补充。图 7-3 通过主视图和必要的尺寸已将装配体的总体结构特征、零件间的装配关系和工作原理表达清楚，其他视图可省略不画。

三、确定比例和图幅，合理布图

画装配图之前，应根据装配体结构的大小、复杂程度及拟定的表达方案，确定画图的比例、图幅，同时要考虑尺寸标注、零件序号、明细栏及技术要求等位置，使整体布局合理。

四、画图步骤

1. 画图框、标题栏和明细栏，画出各视图的主要基准线，如图 7-12a 所示。

2. 逐层画出各零件视图。应考虑先画主要零件（如底座），后画次要零件；先画大体轮廓，后画局部细节；先画可见轮廓，不可见轮廓可不画。具体步骤如图 7-12b、c 所示。

3. 校核，描深，画剖面线。

4. 标注尺寸，编排零件序号（图 7-12d）。

5. 填写技术要求、明细栏和标题栏，完成全图（图 7-3）。

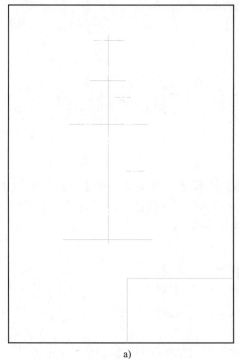

a)

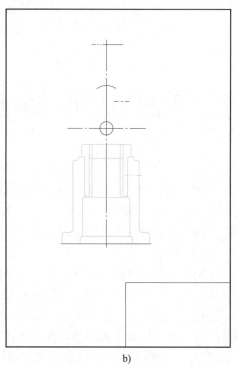

b)

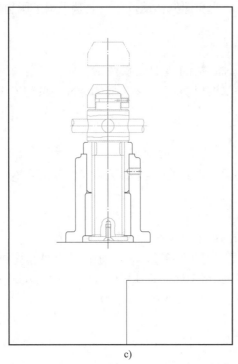
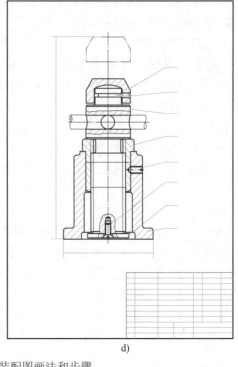

c)   d)

图 7-12　千斤顶装配图画法和步骤

§7-5　读装配图与拆画零件图

在产品的设计、组装、检验、使用、维修、技术交流和技术革新中，都需要识读装配图，特别是对设备进行维修和革新改造时，在读懂装配图的基础上，还要拆画出部件中的某个零件图。因此，技能型人才必须具备识读装配图的能力。

读装配图的要求如下：

（1）了解装配体的名称、用途、性能、结构和工作原理。

（2）读懂各主要零件的结构、形状及其在装配体中的功用。

（3）明确各零件之间的装配关系、连接方式，了解装拆的先后顺序。

（4）了解装配图中标注的尺寸以及技术要求。

下面以图 7-13 所示的齿轮油泵装配图为例来说明识读装配图及拆画零件图的方法与步骤。

一、概括了解

从标题栏中了解装配体的名称和用途。由明细栏和序号可知零件的数量和种类，从而略知其大致的组成情况及复杂程度。由视图的配置、标注的尺寸和技术要求可知该部件的结构特点和大小。

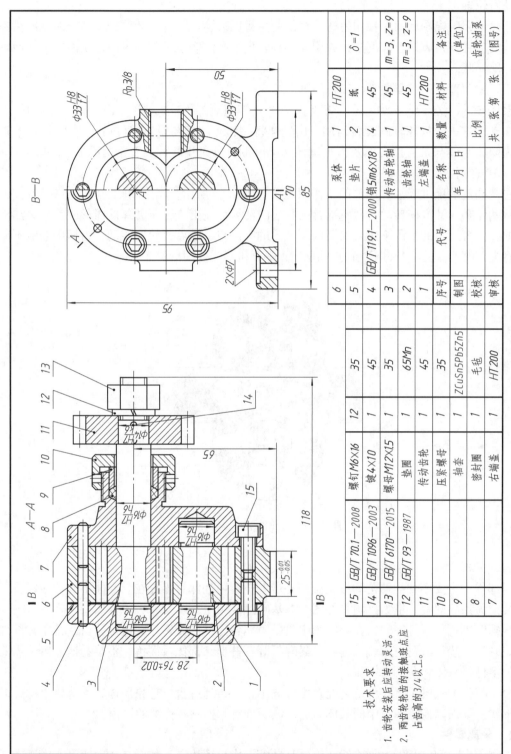

技术要求

1. 齿轮安装后应转动灵活。
2. 两齿轮齿的接触斑点应占齿高的3/4以上。

6		泵体	1	HT 200	δ=1
5		垫片	2	纸	
4	GB/T 119.1—2000	销5m6×18	4	45	
3		传动齿轮轴	1	45	m=3，Z=9
2		齿轮轴	1	45	m=3，Z=9
1		左端盖	1	HT 200	
序号	代号	名称	数量	材料	备注
制图			年 月 日	比例	（单位）
校核					齿轮油泵
审核				共 张 第 张	（图号）

15	GB/T 70.1—2008	螺钉M6×16	12	35	
14	GB/T 1096—2003	键4×10	1	45	
13	GB/T 6170—2015	螺母M12×15	1	35	
12	GB/T 93—1987	垫圈	1	65Mn	
11		传动齿轮	1	45	
10		压紧螺母	1	35	
9		轴套	1	ZCuSn5Pb5Zn5	
8		密封圈	1	毛毡	
7		右端盖	1	HT 200	

图 7-13 齿轮油泵装配图

— 173 —

齿轮油泵是机器中用来输送润滑油的一个部件，由泵体、左端盖、右端盖、主动齿轮轴和从动齿轮轴等15种零件装配而成。

齿轮油泵装配图用两个视图表达。全剖的主视图表达了零件间的装配关系，左视图沿左端盖处的垫片与泵体结合面剖开，并用局部剖画出油孔，表示了部件吸油、压油的工作原理及其外部形状。

二、了解部件的装配关系和工作原理

泵体6的内腔容纳一对齿轮。将齿轮轴2、传动齿轮轴3装入泵体后，由左端盖1、右端盖7支承这一对齿轮轴的旋转运动。由销4将左、右端盖与泵体定位后，再用螺钉15连接。为防止泵体与泵盖接合面及齿轮轴伸出端漏油，分别用垫片5及密封圈8、轴套9、压紧螺母10密封。

左视图反映部件吸油、压油的工作原理。如图7-14所示，当主动轮逆时针方向转动时，带动从动轮顺时针方向转动，两轮啮合区右边的油被齿轮带走，压力降低而形成负压，油池中的油在大气压力的作用下进入油泵低压区内的吸油口，随着齿轮的转动，齿槽中的油不断地沿箭头方向被带至左边的压油口把油压出，送至机器需要润滑的部分。

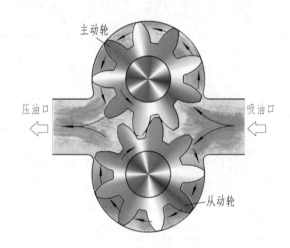

图7-14 齿轮油泵工作原理

三、分析零件，拆画零件图

对部件中主要零件的结构和形状做进一步分析，可加深对零件在装配体中的功能以及零件间装配关系的理解，也为拆画零件图打下基础。

根据明细栏与零件序号，在装配图中逐一对照各零件的投影轮廓进行分析，其中标准件是规定画法，垫片、密封圈、轴套和压紧螺母等零件形状都比较简单，不难看懂。本例需要分析的零件是泵体和左、右端盖。

分析零件的关键是将零件从装配图中分离出来，再通过投影想象形体，弄清该零件的结构和形状。下面以齿轮油泵中的泵体为例，说明分析和拆画零件图的过程。

1. 分离零件

根据方向、间隔相同的剖面线将泵体从装配图中分离出来，如图7-15a所示。由于在装配图中泵体的可见轮廓线可能被其他零件（如螺钉、销等）遮挡，因此分离出来的图形可能是不完整的，必须补全（如图中红色图线）。对照主、左视图进行分析，想象出泵体的整体形状，如图 7-15b 所示。

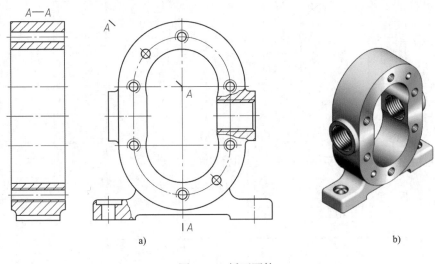

图 7-15　拆画泵体
a）分离出泵体　b）泵体轴测图

2. 确定零件的表达方案

零件的视图表达应根据零件的结构和形状确定，而不是从装配图中照抄。在装配图中，泵体的左视图反映了容纳一对齿轮的长圆形空腔以及与空腔相通的进、出油孔，同时也反映了销钉孔与螺钉孔的分布以及底座上沉孔的形状。因此，画零件图时将这一方向作为泵体主视图的投射方向比较合适。装配图中省略未画出的工艺结构，如倒角、退刀槽等，在拆画零件图时应按标准结构要素补全。

3. 零件图的尺寸标注

装配图中已经注出的重要尺寸直接抄注在零件图上，如 ϕ33H8/f7 是一对啮合齿轮的齿顶圆与泵体空腔内壁的配合尺寸，28.76 ± 0.02 是一对啮合齿轮的中心距尺寸，Rp3/8 是进、出油孔的管螺纹尺寸。另外，还有油孔中心高尺寸 50、底板上安装孔定位尺寸 70 等。

其中配合尺寸应标注公差带代号，或查表注出上、下极限偏差数值。

装配图中未注的尺寸可按比例从图中量取，并加以圆整。某些标准结构，如键槽的深度和宽度、沉孔、倒角、退刀槽等，应查阅有关标准注出。

4. 零件图的技术要求

零件的表面粗糙度、尺寸公差和几何公差等技术要求，要根据该零件在装配体中的功能以及该零件与其他零件的关系来确定。零件的其他技术要求可用文字注写在标题栏附近。图 7-16 所示为根据齿轮油泵装配图拆画的泵体零件图。

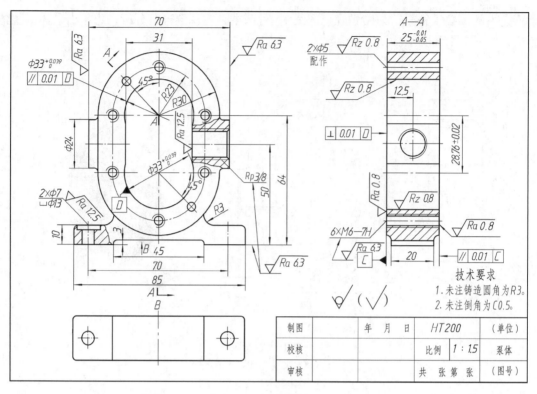

图 7-16　泵体零件图

 知识链接

　　装配示意图的画法一般没有严格规定，除机械传动部分的相关零件、部件按 GB/T 4460—2013 中规定的机构运动简图符号绘制外，其他零件均可用单线条画出其大致轮廓。

　　装配示意图常用于装配体的测绘，以便记录及示意装配体的组成结构、连接装配关系和工作原理等。

第8章

其他专业图样

本章提要

金属结构件广泛用于机械、化工设备及桥梁、建筑结构。金属结构图的绘制原理和方法与机械图样一致。金属结构件通常是由各种型钢与钢板通过焊接（局部也有用螺栓连接或铆接）方式连接组成的。

§8-1 金属结构件的表示法

一、棒料、型材及其断面简化表示（GB/T 4656—2008）

棒料、型材及其断面用相应的标记（表8-1、表8-2）表示，各参数间用短画分隔。必要时可在标记后注出切割长度，如图8-1所示。此标记也可填入明细栏（参见GB/T 10609.2—2009）。

标记示例：

例8-1　角钢，尺寸为50 mm×50 mm×4 mm，长度为1 000 mm，标记为：

$\llcorner$ GB/T 4656−50×50×4−1000

表8-1　　　　　　　　　　棒料断面尺寸和标记（GB/T 4656—2008）

棒料断面与尺寸	标记	
	图形符号	必要尺寸
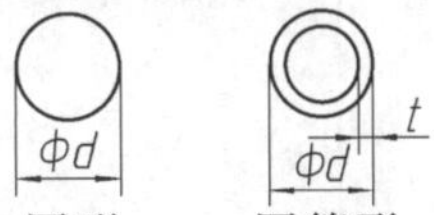 圆形　　圆管形	⊘	d $d \cdot t$
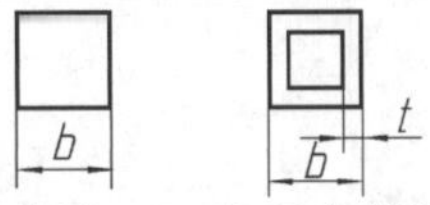 方形　　空心方管形	▢	b $b \cdot t$

— 177 —

棒料断面与尺寸	标记	
	图形符号	必要尺寸
扁矩形　空心矩管形	▭	$b \cdot h$ $b \cdot h \cdot t$
六角形　空心六角管形	⬡	s $s \cdot t$
三角形	△	b
半圆形	◠	$b \cdot h$

表 8-2　　　　　　　　型材断面尺寸和标记（GB/T 4656—2008）

型材	标记		
	图形符号	字母代号	尺寸
角钢		L	
T 型钢		T	
工字钢		I	特征尺寸
H 钢		H	
槽钢		U	
Z 型钢		Z	

型材	标记		
	图形符号	字母代号	尺寸
钢轨			
球头角钢			特征尺寸
球扁钢			

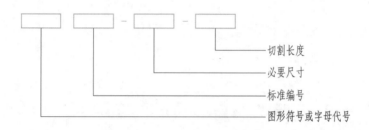

图 8-1　金属结构件的标记

　　在有相应标准但不致引起误解或相应标准中没有规定棒料、型材的标记时，可采用表 8-1 和表 8-2 中规定的图形符号加必要尺寸及其切割长度简化表示。

　　例 8-2　扁钢，尺寸为 50 mm × 10 mm，长度为 100 mm，简化标记为：

$$\square \quad 50 \times 10\text{–}100$$

为了简化，也可用大写字母代号代替表 8-2 中型材的图形符号。

　　例 8-3　角钢，尺寸为 90 mm × 56 mm × 7 mm，长度为 500 mm，简化标记为：

$$\llcorner \quad 90 \times 56 \times 7\text{–}500 \quad 或 \quad L \quad 90 \times 56 \times 7\text{–}500$$

　　标记应尽可能靠近相应的构件标注，如图 8-2 和图 8-3 所示。图样上的标记应与型钢的位置相一致，如图 8-4 所示。

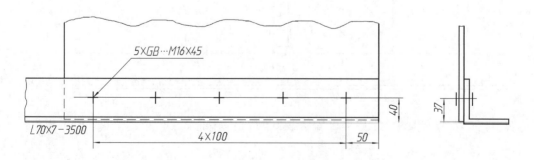

图 8-2　金属构件尺寸标注与标记（一）

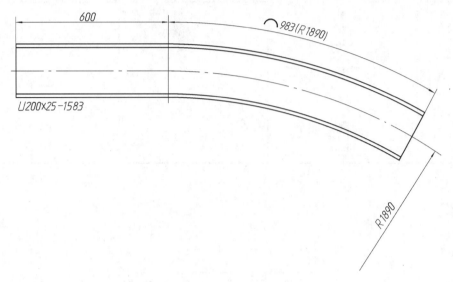

图 8-3　金属构件尺寸标注与标记（二）

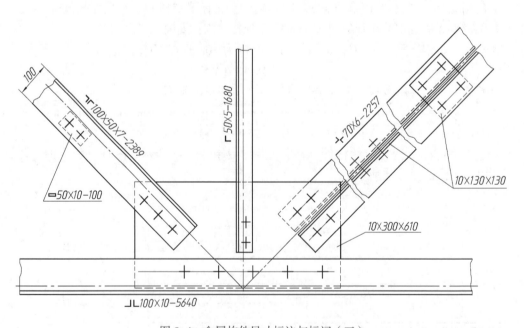

图 8-4　金属构件尺寸标注与标记（三）

二、金属构件的简图表示

金属构件可用粗实线画出的简图表示。此时，节点间的距离值应按图 8-5 所示的方法标注。金属构件的尺寸允许标注封闭尺寸。在需考虑累积误差时，要指明封闭环尺寸。

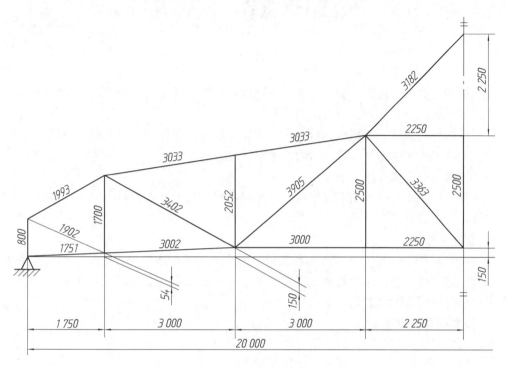

图 8-5　金属构件的简图表示法及尺寸标注

三、金属结构中的螺栓、孔、电焊铆钉图例及其标注（表 8-3）

表 8-3　　　　　　　　　　　　螺栓、孔、电焊铆钉图例及其标注

名称	图例		名称	图例	
永久螺栓	$\frac{M}{\phi}$	■	圆形螺栓孔	ϕ	■
高强螺栓	$\frac{M}{\phi}$	■	长圆形螺栓孔	ϕ	■
安装螺栓	$\frac{M}{\phi}$	■	电焊铆钉	d	■

金属结构主要是通过焊接将型钢和钢板连接而成的，焊接是一种不可拆连接，因其工艺简单、连接可靠、节省材料，所以应用日益广泛。

金属结构件被焊接后所形成的接缝称为焊缝。焊缝在图样上一般采用焊缝符号（表示焊接方式、焊缝形式和焊缝尺寸等技术内容的符号）表示。

一、焊缝符号及其标注方法

焊缝符号由基本符号和指引线组成，必要时还可以加上基本符号的组合、补充符号和焊缝尺寸符号及数据等。

1. 基本符号

基本符号是指表示焊缝横断面形状的符号，它采用近似焊缝横断面形状的符号来表示。基本符号用粗实线绘制。常用焊缝的基本符号、图示法及标注方法示例见表8-4，其他焊缝的基本符号可查阅 GB/T 12212—2012。

2. 基本符号的组合

标注双面焊缝或接头时，基本符号可以组合使用，见表8-5。

3. 补充符号

补充符号用来说明与焊缝有关的某些特征（如表面形状、衬垫、焊缝分布及施焊地点等），用粗实线绘制，见表8-6。

表8-4　　　　　　　　　常用焊缝的基本符号、图示法及标注方法示例

名称	符号	示意图	图示法	标注方法
I形焊缝	‖		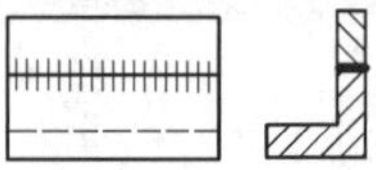	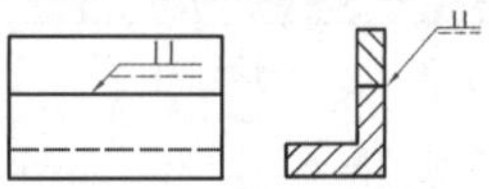
V形焊缝	∨		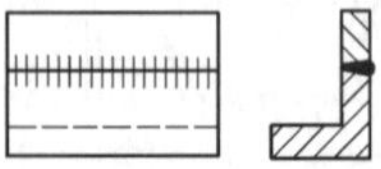	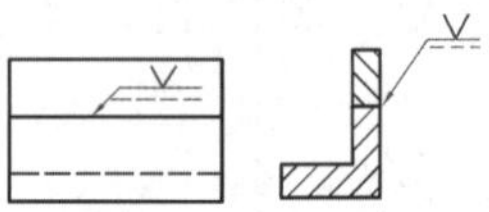

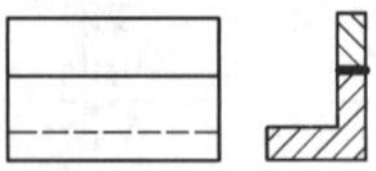

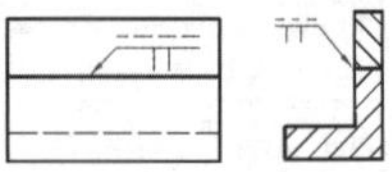

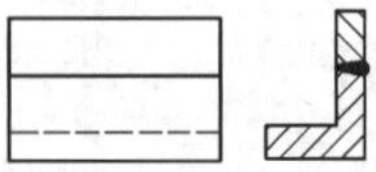

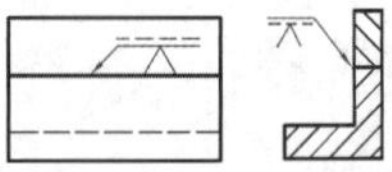

名称	符号	示意图	图示法	标注方法
角焊缝		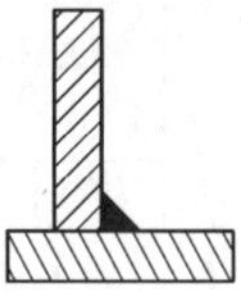	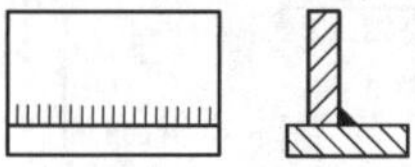	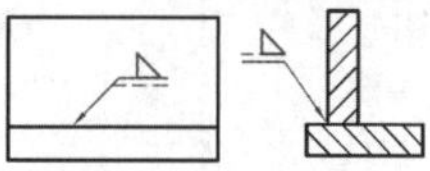
点焊缝		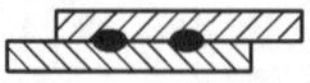	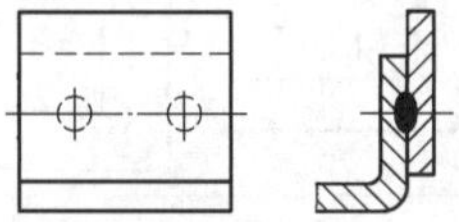	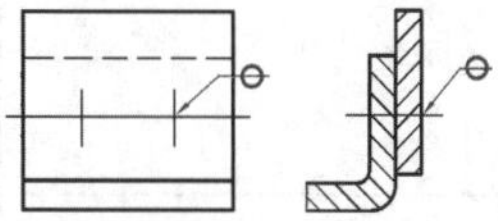

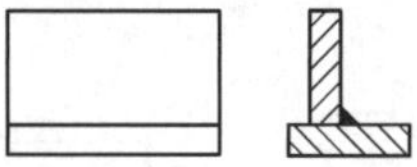

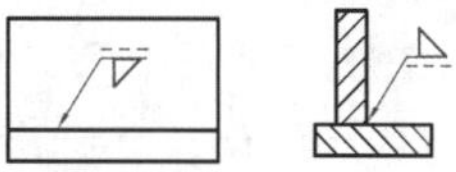

表 8-5　　　　　　　　　　　　基本符号的组合

名称	符号	形式及标注示例
双面 V 形焊缝（X 焊缝）	X	
双面单 V 形焊缝（K 焊缝）	K	
带钝边双面 V 形焊缝	⅄	

表 8-6　　　　　　　　　　　　补充符号及标注示例

名称	符号	形式及标注示例	说明
平面	—	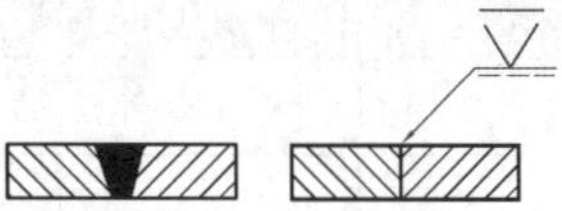	V 形焊缝表面通常经过加工后平整
凹面	⌣	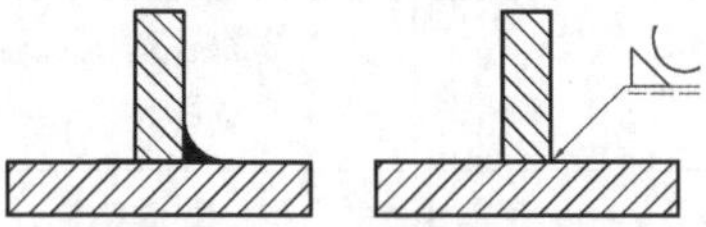	角焊缝表面凹陷
凸面	⌢	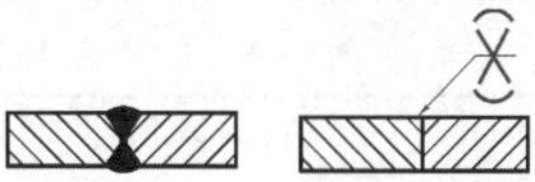	双面 V 形焊缝表面凸起
永久衬垫	M	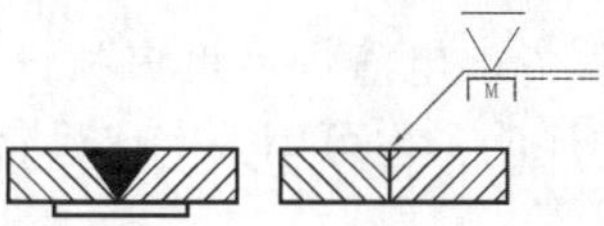	V 形焊缝的背面底部有衬垫永久保留

— 183 —

名称	符号	形式及标注示例	说明
三面焊缝	⊏		工件三面带有角焊缝
周围焊缝	○		
现场焊缝	▶		在现场沿工件周围施焊
尾部	<	5 250 ⟨111 4条	用焊条电弧焊，有4条相同的角焊缝

4. 指引线

指引线一般由箭头线和两条基准线（一条为细实线，一条为细虚线）组成，如图 8-6 所示。箭头线用来将整个焊缝符号指引到图样上的有关焊缝处，必要时允许弯折一次。基准线应与主标题栏平行。基准线的上面和下面用来标注各种符号及尺寸，基准线的细虚线可画在细实线上侧或下侧。必要时可在基准线（细实线）末端加一尾部符号，作为其他说明之用，如焊接方法和焊缝数量等。

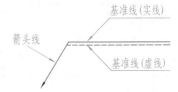

图 8-6 指引线的画法

5. 焊缝尺寸符号

焊缝尺寸符号用来表示坡口及焊缝尺寸，一般不必标注。如设计或生产需要注明焊缝尺寸时，可按国家标准《焊缝符号表示法》（GB/T 324—2008）的规定标注。常用焊缝尺寸符号见表 8-7。

表 8-7　　　　　　　　　　常用焊缝尺寸符号

名称	符号	名称	符号
工件厚度	δ	焊缝间距	e
坡口角度	α	焊脚尺寸	K
根部间隙	b	点焊：熔核直径 塞焊：孔径	d
钝边	p	焊缝宽度	c
焊缝长度	l	余高	h

二、焊接方法及数字代号

焊接的方法很多，常用的有电弧焊、电渣焊、点焊和钎焊等，其中以电弧焊应用最广泛。焊接方法可用文字在技术要求中注明，也可用数字代号直接注写在指引线的尾部。常用焊接方法及数字代号见表 8-8。

表 8-8　　　　　　　常用焊接方法及数字代号

焊接方法	数字代号	焊接方法	数字代号
焊条电弧焊	111	激光焊	52
埋弧焊	12	氧乙炔焊	311
电渣焊	· 72	硬钎焊	91
电子束焊	51	点焊	21

三、焊缝标注示例

在技术图样或文件上需要表示焊缝或接头时，推荐采用焊缝符号。必要时，也可采用一般的技术制图方法表示，焊缝标注示例见表 8-9。

表 8-9　　　　　　　　　　焊缝标注示例

接头形式	焊缝形式	标注示例	说明
对接接头			111 表示用焊条电弧焊，V 形坡口，坡口角度为 α，根部间隙为 b，有 n 段焊缝，焊缝长度为 l
T 形接头			▰ 表示在现场或工地上进行焊接　▷ 表示双面角焊缝，焊脚尺寸为 K
T 形接头			⟶▷ 表示有 n 段断续双面角焊缝，l 表示焊缝长度，e 表示断续焊缝间距
T 形接头			Z 表示交错断续角焊缝
角接接头			⊏ 表示三面焊缝　◺ 表示单面角焊缝
角接接头			表示双面焊缝，上面为带钝边的单边 V 形焊缝，下面为角焊缝
搭接接头			○ 表示点焊缝，d 表示焊点直径，e 表示焊点间距，n 为点焊数量，l 表示起始焊点中心至板边的间距

四、读焊接图举例

金属焊接图除了将构件的形状、尺寸表达清楚外，还要把焊接的有关内容表达清楚。如图 8-7 所示的弯头是化工设备上的一个焊接件，由底盘、弯管和方形凸缘三个零件组成。图样中不仅表达了各零件的装配和焊接要求，而且还表达了零件的形状、尺寸以及加工要求，因此不必另画零件图。

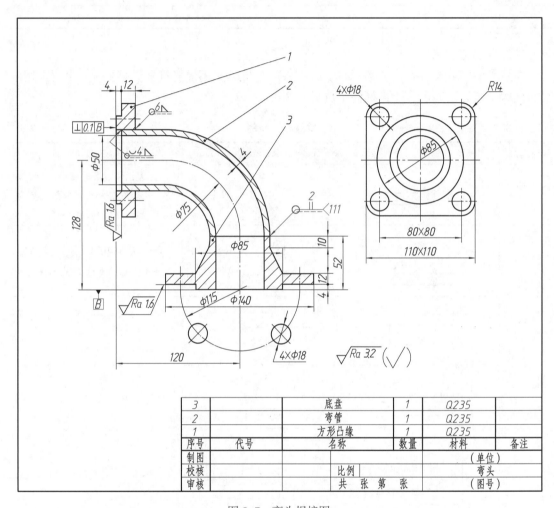

3		底盘	1	Q235	
2		弯管	1	Q235	
1		方形凸缘	1	Q235	
序号	代号	名称	数量	材料	备注
制图					（单位）
校核		比例			弯头
审核		共 张 第 张			（图号）

图 8-7 弯头焊接图

焊接图识读要点如下：

（1）底盘和弯管间的焊缝代号为 ⌀ 2 111，其中"2"表示 I 形焊缝，对接间隙 b= 2 mm；"111"表示全部焊缝均采用焊条电弧焊。

（2）方形凸缘和弯管外壁的焊缝代号为 ⌀ 6，其中"○"表示环绕工件周围焊接；"△"表示角焊缝，焊脚尺寸为 6 mm。

（3）方形凸缘内壁和弯管的焊缝代号为 ⌀ 4，其中"⌣"表示焊缝表面凹陷。

§8-3 展开图

在生产中，经常用到各种薄板制件，如油罐、水箱、防护罩以及各种管接头等。图8-8所示的集粉筒即为实例之一。制造这类制件时，通常是先在金属薄板上放样画出表面展开图，然后下料弯制成形，最后经焊接或铆接而成。

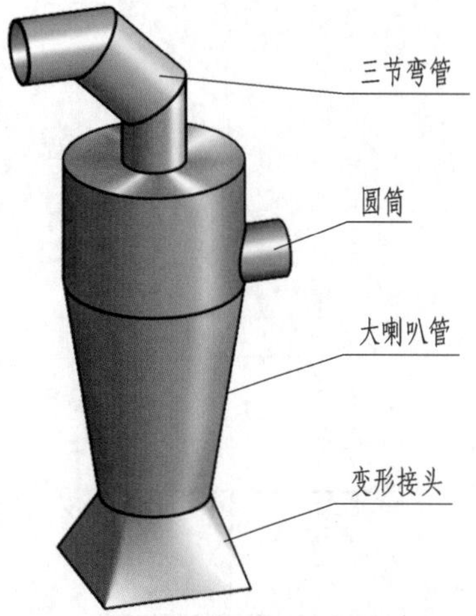

将制件各表面按其实际大小和形状依次连续地展开在一个平面上，称为制件的表面展开，展开所得图形称为表面展开图，简称展开图。

一、平面立体制件的展开图画法

由于平面立体的表面都是平面，因此，平面制件的展开只要作出各表面的实形，并将它们依次连续地画在一个平面上，即可得到平面立体制件的展开图。

1. 斜口直四棱柱管

图 8-8　薄板制件——集粉筒

如图 8-9a 所示为斜口直四棱柱管，由于从制件的投影图中（图 8-9b）可直接量得各表面的边长和实形，因此作图比较简单，具体步骤如下（图 8-9c）：

（1）将各底边的实长展开成一条水平线，标出Ⅰ、Ⅱ、Ⅲ、Ⅳ、Ⅰ诸点。

（2）过这些点作铅垂线，在其上量取各棱线的实长，即得各顶点A、B、C、D、A。

（3）用直线依次连接各顶点，即为斜口直四棱柱管的展开图。

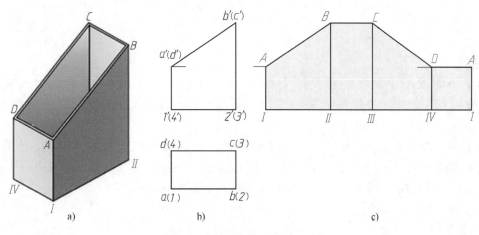

图 8-9　斜口直四棱柱管的展开

2. 吸气罩（四棱台管）

分析

图 8-10a 所示为吸气罩的两面投影，图 8-10b 所示为吸气罩轴测图。从图中可知，吸气罩是由四个梯形平面围成的，其前后、左右对应相等，在其投影图上并不反映实形。要依次画出四个梯形平面的实形，可先求出四棱台管棱线的实长（四条棱线相等），以此为半径画出扇形，再在扇形内作出四个等腰梯形，其中对应面梯形相等。

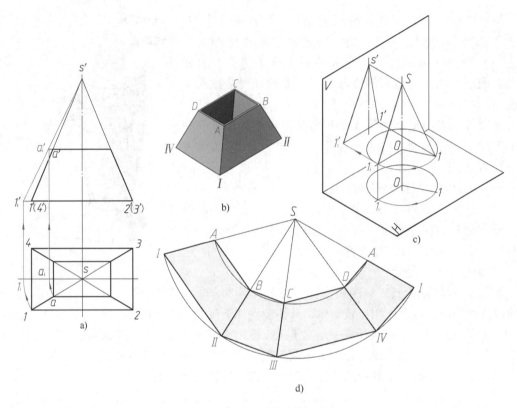

图 8-10　吸气罩（四棱台管）的展开

作图

（1）将主视图中的棱线延长得交点 s'，用旋转法（参见图 8-10c 所示用旋转法求作一般位置直线实长的作图方法）求出棱线 $S\text{I}$、SA 的实长为 $s'1_1'$、$s'a_1'$，如图 8-10a 所示。

（2）以 S 为圆心，$s'1_1'$ 和 $s'a_1'$ 为半径画圆弧，在圆弧上依次截取 $\text{I}\text{II}=12$、$\text{II}\text{III}=23$、$\text{III}\text{IV}=34$、$\text{IV}\text{I}=41$，并过 I、II、III、IV、I 各点向 S 连线，再过 A 点依次作底边的平行线，得 AB、BC、CD、DA，即为吸气罩的表面展开图，如图 8-10d 所示。

二、圆管制件的展开图画法

1. 圆管

如图 8-11 所示，圆管的展开图为一矩形，矩形底边的边长为圆管（底圆的）周长 πD，高为管高 H。

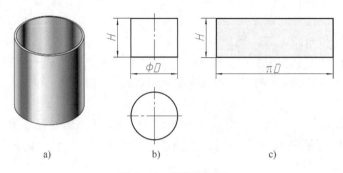

a)   b)   c)

图 8-11　圆管的展开

2. 斜截口圆管

分析

如图 8-12 所示，圆管被斜切后，表面素线的高度有了差异，但仍互相平行，且与底面垂直，其正面投影反映实长，斜截口展开后成为曲线。

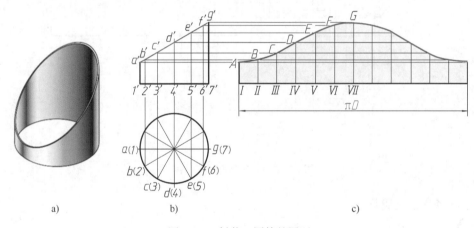

a)   b)   c)

图 8-12　斜截口圆管的展开

作图

（1）在俯视图上将圆周分成 12 等份（等分点越多，展开图越准确），过各等分点在主视图上作出相应素线的投影 1′a′、2′b′、3′c′…（图 8-12b）。

（2）将底圆展开成直线，其长度为 πD，量取 12 段相等的距离，使每段等于相应的弧长（I II = $\overset{\frown}{12}$），得 I、II、III…诸点。过 I、II、III…各点作直线的垂线，并在垂线上量取相应素线的长度 I A=1′a′、II B=2′b′、III C=3′c′…最后，将各素线的端点连成光滑的曲线，即为斜截口圆管的表面展开图，如图 8-12c 所示。

3. 等径直角弯管

分析

在通风管道中，如果要垂直改变风道的方向，可采用直角弯管。根据通风要求，一般将直角弯管分成若干节（本例为三节，中间节只有一节，实例可参见图 8-8 所示集粉筒上部的三节弯管），每节为一斜截正圆柱面，两端的端节是中间各节的一半，各中间节的长度和形状均相同，且各中间节与各自中部的横截面相对称，可按图 8-12 所示的展开画法画出每节展开图。

为了节省材料和提高工效，把三节斜口圆管拼合成一圆管来展开，即把中间节绕其轴线旋转180°，再拼合上节和下节，如图 8-13a 主视图中两个端节和一个中间节的投影所示，最后一次画出如图 8-13b 所示的三节直角弯管展开图。

作图

如图 8-13 所示，上、下两节均为一端是斜口的圆管，其展开图画法与图 8-12 所示的斜截口圆管的展开图画法完全相同，两曲线的中间部分（套红部分）则是中间节的展开图。

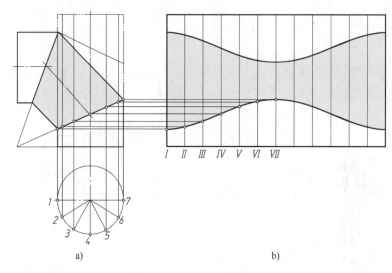

a)   b)

图 8-13　三节直角弯管的展开

4. 异径直角三通管

分析

异径直角三通管由两个不等径的圆管垂直正交而形成，如图 8-14c 所示。根据它的投影图作展开图时，必须先在投影图上准确地作出相贯线的投影，然后分别作出大、小圆管的展开图。为了简化作图，可以不画水平投影，而把铅垂的小圆管的水平投影用半个圆周画在正面投影和侧面投影上，如图 8-14b 所示，从而作出相贯线的正面投影和两圆管的展开图。

作图

（1）小圆管的展开图画法与前述斜截口圆管的展开图画法相同。先画出小圆管上端面圆周的展开线 AB，并将其分成若干等份（与求作相贯线一致，分成 12 等份），再从各等分点作垂线，在各垂线上分别量取其对应素线的长度，得Ⅰ、Ⅱ、Ⅲ…各点，然后光滑连接，即得小圆管的展开图，如图 8-14a 所示。

（2）大圆管的展开图画法主要是求作相贯线展开后的图形。如图 8-14d 所示，先将大圆管展开成一矩形（图中仅画局部），画出对称中心线，量取 $12=1''2''$、$23=2''3''$、$34=3''4''$（取弦长代替弧长），过俯视图上 1、2、3、4 各点引水平线，与过主视图上 1、2、3、4 各点向下引的铅垂线相交，得相应素线的交点Ⅰ、Ⅱ、Ⅲ、Ⅳ，然后光滑连接，即得相贯线展开后的图形。

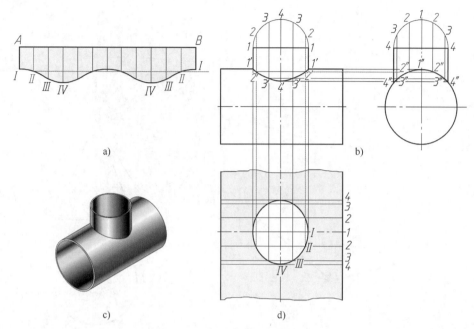

图 8-14 异径直角三通管的展开

实际生产中，特别是单件制作这种金属薄板制件时，通常不在大圆管的展开图上开孔，而是将小圆管展开，弯卷焊接后，定位在大圆管画有中心线的位置上，描画曲线形状，然后通过气割开孔，把两圆管焊接在一起，这样可避免大圆管弯卷时产生变形。

三、圆锥管制件的展开图画法

1. 正圆锥

完整的正圆锥的表面展开图为一扇形，可计算出相应参数直接作图，其中扇形的直线边等于圆锥素线的实长，圆弧长度等于圆锥底圆的周长 πD，中心角 $\alpha = 360° \pi D / (2\pi R) = 180° D/R$，如图 8-15a 所示。

近似作图时，可将正圆锥表面看成由很多三角形（即棱面）组成，那么这些三角形的展开图近似地为锥管表面的展开图，具体作图步骤如下（图 8-15b）：

（1）将水平投影圆周 12 等分，在正面投影上作出相应的投影 $s'1'$、$s'2'$ 等。

（2）以素线实长 $s'7'$ 为半径画弧，在圆弧上量取 12 段相等距离，此时以底圆上的分段弦长近似代替分段弧长，即 Ⅰ Ⅱ =12、Ⅱ Ⅲ =23 等，将首尾两点与圆心相连，即得正圆锥面的展开图。

若需展开图 8-8 中平截口正圆锥大喇叭管，只需在正圆锥展开图上截去下面的小圆锥面即可。

2. 斜截口正圆锥管

如图 8-16a 所示为斜截口正圆锥管，它的近似展开图如图 8-16b、c 所示，作图步骤如下：

（1）将水平投影圆周 12 等分，在正面投影上作出相应素线的投影 $s'1'$、$s'2'$ 等。

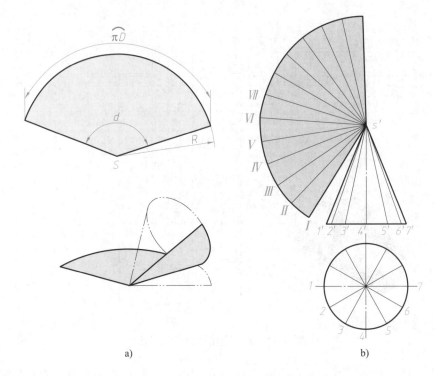

a)

b)

图 8-15　圆锥表面的展开

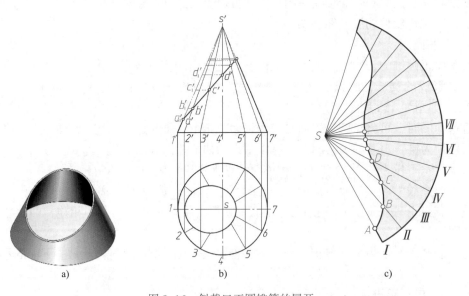

a)

b)

c)

图 8-16　斜截口正圆锥管的展开

（2）过正面投影上各条素线与斜顶面交点 a'、b'…分别作水平线，与圆锥转向线 $s'1'$ 分别交于 a_1'、b_1'…各点，则 $1'a_1'$、$1'b_1'$…为斜截口正圆锥管上相应素线的实长。

（3）作出完整的圆锥表面展开图。在相应棱线上截取 Ⅰ$A=1'a_1'$、Ⅱ$B=1'b_1'$ 等，得 A、B…各点。

（4）用光滑曲线连接 A、B…各点，得到斜截口正圆锥管的表面展开图，如图 8-16c 所示。

四、变形管接头的展开图画法

如图 8-17a 所示为上圆下方的变形管接头，图 8-17b 所示为变形管接头的两视图，它的表面由四个全等的等腰三角形和四个相同的局部斜圆锥面组成。变形管接头上口和下口的水平投影反映实形和实长；三角形的两腰 AⅠ、BⅠ 以及锥面上的所有素线均为一般位置直线，只有求出它们的实长才能画出展开图。具体作图步骤如下：

（1）将上口 1/4 圆周 3 等分，并与下口顶点相连，得斜圆锥面上四条素线的投影。用旋转法求作素线实长 AⅠ$=A$Ⅳ$=a'4_1'$，AⅡ$=A$Ⅲ$=a'3_1'$。

（2）以后面等腰三角形的中垂线为接缝展开，则展开图与前面等腰三角形的高对称。如图 8-17c 所示，先以水平线 $AB=ab$ 为底、AⅠ$=B$Ⅰ$=a'4_1'$ 为两腰，作出等腰三角形 ABⅠ。

（3）以 A 为圆心、$a'3_1'$ 为半径画弧，再以 Ⅰ 为圆心、上口等分弧的弦长为半径画弧，两弧交于 Ⅱ，作出 $\triangle A$ⅡⅢ。用同样的方法作出 $\triangle A$ⅡⅢ、$\triangle A$ⅢⅣ，再将 Ⅰ、Ⅱ、Ⅲ、Ⅳ 各点光滑连接，得一斜圆锥面的展开图。

（4）用上述方法向两侧继续作图，最后在两侧分别作出一个直角三角形，也就是相当于上述等腰三角形的一半，即得这个变形管接头的展开图。

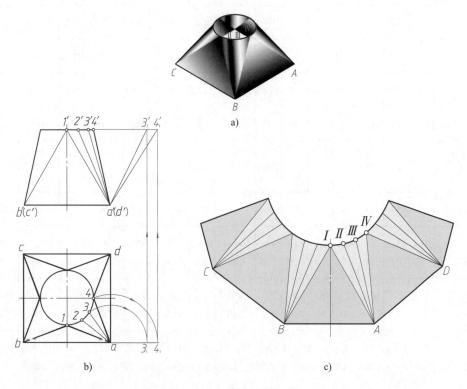

图 8-17　变形管接头的展开

附　表

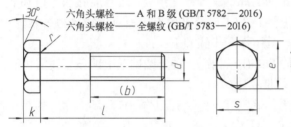

六角头螺栓——A 和 B 级 (GB/T 5782—2016)
六角头螺栓——全螺纹 (GB/T 5783—2016)

标记示例
螺纹规格为M12、公称长度*l*=80 mm、性能等级为8.8级、表面不经处理、产品等级为A级的六角头螺栓：

螺栓　GB/T 5782　M12×80

mm

螺纹规格 *d*		M3	M4	M5	M6	M8	M10	M12	（M14）	M16	（M18）	M20	（M22）	M24	（M27）	M30	M36
s		5.5	7	8	10	13	16	18	21	24	27	30	34	36	41	46	55
k		2	2.8	3.5	4	5.3	6.4	7.5	8.8	10	11.5	12.5	14	15	17	18.7	22.5
r		0.1	0.2	0.2	0.25	0.4	0.4	0.6	0.6	0.6	0.6	0.6	1	0.8	1	1	1
e	A	6.01	7.66	8.79	11.05	14.38	17.77	20.03	23.36	26.75	30.14	33.53	37.72	39.98	—	—	—
	B	5.88	7.50	8.63	10.89	14.20	17.59	19.85	22.78	26.17	29.56	32.95	37.29	39.55	45.20	50.85	51.11
（*b*）GB/T 5782	*l* ≤ 125	12	14	16	18	22	26	30	34	38	42	46	50	54	60	66	—
	125<*l* ≤ 200	18	20	22	24	28	32	36	40	44	48	52	56	60	66	72	84
	l>200	31	33	35	37	41	45	49	53	57	61	65	69	73	79	85	97
l 范围 （GB/T 5782）		20~30	25~40	25~50	30~60	40~80	45~100	50~120	60~140	65~160	70~180	80~200	90~220	90~240	100~260	110~300	140~360
l 范围 （GB/T 5783）		6~30	8~40	10~50	12~60	16~80	20~100	25~120	30~140	30~150	35~150	40~150	45~150	50~150	55~200	60~200	70~200
l 系列		6、8、10、12、16、20、25、30、35、40、45、50、（55）、60、（65）、70、80、90、100、110、120、130、140、150、160、180、200、220、240、260、280、300、320、340、360、380、400、420、440、460、480、500															

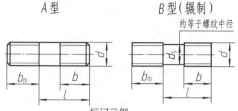

A 型　　　　　B 型（辗制）

约等于螺纹中径

GB/T 897—1988($b_m=1d$)
GB/T 898—1988($b_m=1.25d$)
GB/T 899—1988($b_m=1.5d$)
GB/T 900—1988($b_m=2d$)

标记示例

两端均为粗牙普通螺纹、$d=10$ mm、$l=50$ mm、
性能等级为 4.8 级、不经表面处理、B 型、$b_m=1d$
的双头螺柱：

　　螺柱　GB/T 897　M10×50

若为 A 型，则标记为：螺柱　GB/T 897　A　M10×50

双头螺柱各部分尺寸　　　　　　　　　　　　　　　mm

螺纹规格 d		M3	M4	M5	M6	M8
b_m	GB/T 897—1988	—	—	5	6	8
	GB/T 898—1988	—	—	6	8	10
	GB/T 899—1988	4.5	6	8	10	12
	GB/T 900—1988	6	8	10	12	16
$\dfrac{l}{b}$		$\dfrac{16\sim20}{6}$	$\dfrac{16\sim（22）}{8}$	$\dfrac{16\sim（22）}{10}$	$\dfrac{20\sim（22）}{10}$	$\dfrac{20\sim（22）}{12}$
		$\dfrac{（22）\sim40}{12}$	$\dfrac{25\sim40}{14}$	$\dfrac{25\sim50}{13}$	$\dfrac{25\sim30}{14}$	$\dfrac{25\sim30}{16}$
					$\dfrac{（32）\sim（75）}{18}$	$\dfrac{（32）\sim90}{22}$

螺纹规格 d		M10	M12	M16	M20	M24
b_m	GB/T 897—1988	10	12	16	20	24
	GB/T 898—1988	12	15	20	25	30
	GB/T 899—1988	15	18	24	30	36
	GB/T 900—1988	20	24	32	40	48
$\dfrac{l}{b}$		$\dfrac{25\sim（28）}{14}$	$\dfrac{25\sim30}{16}$	$\dfrac{30\sim（38）}{20}$	$\dfrac{35\sim40}{25}$	$\dfrac{45\sim50}{30}$
		$\dfrac{30\sim（38）}{16}$	$\dfrac{（32）\sim40}{20}$	$\dfrac{40\sim（55）}{30}$	$\dfrac{45\sim（65）}{35}$	$\dfrac{（55）\sim（75）}{45}$
		$\dfrac{40\sim120}{26}$	$\dfrac{45\sim120}{30}$	$\dfrac{60\sim120}{38}$	$\dfrac{70\sim120}{46}$	$\dfrac{80\sim120}{54}$
		$\dfrac{130}{32}$	$\dfrac{130\sim180}{36}$	$\dfrac{130\sim200}{44}$	$\dfrac{130\sim200}{52}$	$\dfrac{130\sim200}{60}$

注：1. GB/T 897—1988 和 GB/T 898—1988 规定螺柱的螺纹规格 $d=$M5～M48，公称长度 $l=16\sim300$ mm；GB/T 899—
　　1988 和 GB/T 900—1988 规定螺柱的螺纹规格 $d=$M2～M48，公称长度 $l=12\sim300$ mm。

　　2. 螺柱公称长度 l（系列）：12、（14）、16、（18）、20、（22）、25、（28）、30、（32）、35、（38）、40、45、
　　50、（55）、60、（65）、70、（75）、80、（85）、90、（95）、100～260（十进位）、280、300 mm，尽可能不
　　采用括号内的数值。

　　3. 材料为钢的螺柱性能等级有 4.8、5.8、6.8、8.8、10.9、12.9 级，其中 4.8 级为常用。

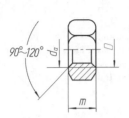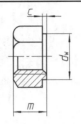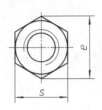

标记示例

螺纹规格为 M12、性能等级为 8 级、不经表面处理、产品等级为 A 级的 1 型六角螺母：

螺母　GB/T 6170　M12

mm

螺纹规格 D		M3	M4	M5	M6	M8	M10	M12	M16	M20	M24	M30	M36
e	min	6.01	7.66	8.79	11.05	14.38	17.77	20.03	26.75	32.95	39.55	50.85	60.79
s	max	5.5	7	8	10	13	16	18	24	30	36	46	55
	min	5.32	6.78	7.78	9.78	12.73	15.73	17.73	23.67	29.16	35	45	53.8
c	max	0.4	0.4	0.5	0.5	0.6	0.6	0.6	0.8	0.8	0.8	0.8	0.8
d_w	min	4.6	5.9	6.9	8.9	11.6	14.6	16.6	22.5	27.7	33.2	42.7	51.1
d_a	max	3.45	4.6	5.75	6.75	8.75	10.8	13	17.3	21.6	25.9	32.4	38.9
m	max	2.4	3.2	4.7	5.2	6.8	8.4	10.8	14.8	18	21.5	25.6	31
	min	2.15	2.9	4.4	4.9	6.44	8.04	10.37	14.1	16.9	20.2	24.3	29.4

附表 4　平垫圈——A 级（GB/T 97.1—2002）、平垫圈倒角型——A 型（GB/T 97.2—2002）

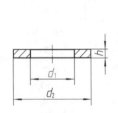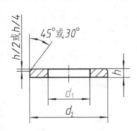

标记示例

标准系列、公称规格 8 mm、由钢制造的硬度等级为 200HV 级、不经表面处理、产品等级为 A 级的平垫圈：

垫圈　GB/T 97.1　8

mm

公称规格（螺纹大径 d）	2	2.5	3	4	5	6	8	10	12	16	20	24	30
内径 d_1	2.2	2.7	3.2	4.3	5.3	6.4	8.4	10.5	13	17	21	25	31
外径 d_2	5	6	7	9	10	12	16	20	24	30	37	44	56
厚度 h	0.3	0.5	0.5	0.8	1	1.6	1.6	2	2.5	3	3	4	4

附表 5　　　　标准型弹簧垫圈（GB/T 93—1987）、轻型弹簧垫圈（GB/T 859—1987）

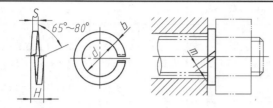

标记示例

规格为 16 mm、材料为 65Mn、表面氧化的标准型弹簧垫圈：

垫圈　GB/T 93　16

mm

规格（螺纹大径）		2	2.5	3	4	5	6	8	10	12	16	20	24	30	36	42	48
d		2.1	2.6	3.1	4.1	5.1	6.1	8.1	10.2	12.2	16.2	20.2	24.5	30.5	36.5	42.5	48.5
H	GB/T 93—1987	1.2	1.6	2	2.4	3.2	4	5	6	7	8	10	12	13	14	16	18
	GB/T 859—1987	1	1.2	1.6	1.6	2	2.4	3.2	4	5	6.4	8	9.6	12	—	—	—
$S(b)$	GB/T 93—1987	0.6	0.8	1	1.2	1.6	2	2.5	3	3.5	4	5	6	6.5	7	8	9
S	GB/T 859—1987	0.5	0.6	0.8	0.8	1	1.2	1.6	2	2.5	3.2	4	4.8	6	—	—	—
$m \leqslant$	GB/T 93—1987	0.4		0.5	0.6	0.8	1	1.2	1.5	1.7	2	2.5	3	3.2	3.5	4	4.5
	GB/T 859—1987	0.3		0.4		0.5	0.6	0.8	1	1.2	1.6	2	2.4	3	—	—	—
b	GB/T 859—1987	0.8		1		1.2		1.6	2	2.5	3.5	4.5	5.5	6.5	8	—	—

附表 6　　　　　　　　　　　　　　开槽螺钉

开槽圆柱头螺钉（GB/T 65—2016）、开槽盘头螺钉（GB/T 67—2016）、开槽沉头螺钉（GB/T 68—2016）

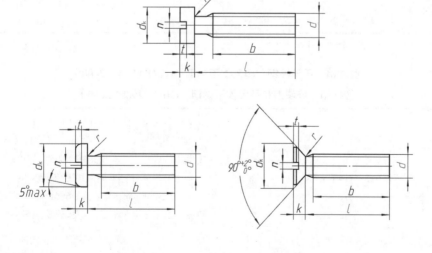

标记示例

螺纹规格为 M5、公称长度为 l=20 mm、性能等级为 4.8 级、不经表面处理的 A 级开槽圆柱头螺钉：

螺钉　GB/T 65　M5×20

螺纹规格 d		M1.6	M2	M2.5	M3	M4	M5	M6	M8	M10
GB/T 65—2016	d_k	3	3.8	4.5	5.5	7	8.5	10	13	16
	k	1.1	1.4	1.8	2	2.6	3.3	3.9	5	6
	t_{min}	0.45	0.6	0.7	0.85	1.1	1.3	1.6	2	2.4
	r_{min}	0.1	0.1	0.1	0.1	0.2	0.2	0.25	0.4	0.4
	l	2 ~ 16	3 ~ 20	3 ~ 25	4 ~ 30	5 ~ 40	6 ~ 50	8 ~ 60	10 ~ 80	12 ~ 80
GB/T 67—2016	d_k	3.2	4	5	5.6	8	9.5	12	16	23
	k	1	1.3	1.5	1.8	2.4	3	3.6	4.8	6
	t_{min}	0.35	0.5	0.6	0.7	1	1.2	1.4	1.9	2.4
	r_{min}	0.1	0.1	0.1	0.1	0.2	0.2	0.25	0.4	0.4
	l	2 ~ 16	2.5 ~ 20	3 ~ 25	4 ~ 30	5 ~ 40	6 ~ 50	8 ~ 60	10 ~ 80	12 ~ 80
GB/T 68—2016	d_k	3	3.8	4.7	5.5	8.4	9.3	11.3	15.8	18.5
	k	1	1.2	1.5	1.65	2.7	2.7	3.3	4.65	5
	t_{min}	0.32	0.4	0.5	0.6	1	1.1	1.2	1.8	2
	r_{max}	0.4	0.5	0.6	0.8	1	1.3	1.5	2	2.5
	l	2.5 ~ 16	3 ~ 20	4 ~ 25	5 ~ 30	6 ~ 40	8 ~ 50	8 ~ 60	10 ~ 80	12 ~ 80
n		0.4	0.5	0.6	0.8	1.2	1.2	1.6	2	2.5
b_{min}		25				38				
l 系列		2、2.5、3、4、5、6、8、10、12、(14)、16、20、25、30、35、40、45、50、(55)、60、(65)、70、(75)、80								

注：表中是对应标准的部分数据，单位为 mm。

附表 7　　　圆柱销　不淬硬钢和奥氏体不锈钢（GB/T 119.1—2000）

圆柱销　淬硬钢和马氏体不锈钢（GB/T 119.2—2000）

标记示例

公称直径 d=6 mm、公差为 m6、公称长度 l=30 mm、材料为钢、不经淬火、不经表面处理的圆柱销：

销　GB/T 119.1　6m6×30

公称直径 d=6 mm、公差为 m6、公称长度 l=30 mm、材料为钢、普通淬火（A 型）、表面氧化处理的圆柱销：

销　GB/T 119.2　6×30

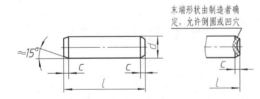

末端形状由制造者确定，允许倒圆或凹穴

mm

公称直径 d	3	4	5	6	8	10	12	16	20	25	30	40	50
$c\approx$		0.5	0.63	0.8	1.2	1.6	2.0	2.5	3.0	3.5	4.0	5.0	6.3	8.0

公称长度 l	GB/T 119.1	8 ~ 30	8 ~ 40	10 ~ 50	12 ~ 60	14 ~ 80	18 ~ 95	22 ~ 140	26 ~ 180	35 ~ 200	50 ~ 200	60 ~ 200	80 ~ 200	95 ~ 200
	GB/T 119.2	8 ~ 30	10 ~ 40	12 ~ 50	14 ~ 60	18 ~ 80	22 ~ 100	26 ~ 100	40 ~ 100	50 ~ 100	—	—	—	—
l 系列		8、10、12、14、16、18、20、22、24、26、28、30、32、35、40、45、50、55、60、65、70、75、80、85、90、95、100、120、140、160、180、200													

注：1. GB/T 119.1—2000 规定圆柱销的公称直径 d=0.6 ~ 50 mm，公称长度 l=2 ~ 200 mm，公差有 m6 和 h8。

2. GB/T 119.2—2000 规定圆柱销的公称直径 d=1 ~ 20 mm，公称长度 l=3 ~ 100 mm，公差仅有 m6。

3. 当圆柱销公差为 h8 时，其表面粗糙度 $Ra \leqslant 1.6$ μm。

附表8   **圆锥销（GB/T 117—2000）**

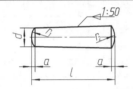

标记示例

公称直径 d=10 mm、公称长度 l=60 mm、材料为35钢、热处理硬度28~38HRC、表面氧化处理的A型圆锥销：

销 GB/T 117 10×60

mm

公称直径 d	4	5	6	8	10	12	16	20	25	30	40	50
$a \approx$	0.5	0.63	0.8	1	1.2	1.6	2	2.5	3	4	5	6.3
公称长度 l	14 ~ 55	18 ~ 60	22 ~ 90	22 ~ 120	26 ~ 160	32 ~ 180	40 ~ 200	45 ~ 200	50 ~ 200	55 ~ 200	60 ~ 200	65 ~ 200
l 系列	2、3、4、5、6、8、10、12、14、16、18、20、22、24、26、28、30、32、35、40、45、50、55、60、65、70、75、80、85、90、95、100、120、140、160、180、200											

注：1. 标准规定圆锥销的公称直径 d=0.6 ~ 50 mm。

2. 分为A型和B型。A型为磨削，锥面表面粗糙度 Ra=0.8 μm；B型为切削或冷镦，锥面表面粗糙度 Ra=3.2 μm。

附表9   **滚动轴承**

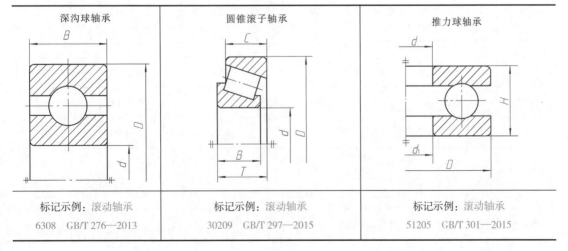

深沟球轴承	圆锥滚子轴承	推力球轴承
标记示例：滚动轴承 6308 GB/T 276—2013	标记示例：滚动轴承 30209 GB/T 297—2015	标记示例：滚动轴承 51205 GB/T 301—2015

轴承型号	d	D	B	轴承型号	d	D	B	C	T	轴承型号	d	D	H	d_{1min}
尺寸系列（02）				尺寸系列（02）						尺寸系列（12）				
6202	15	35	11	30203	17	40	12	11	13.25	51202	15	32	12	17
6203	17	40	12	30204	20	47	14	12	15.25	51203	17	35	12	19
6204	20	47	14	30205	25	52	15	13	16.25	51204	20	40	14	22
6205	25	52	15	30206	30	62	16	14	17.25	51205	25	47	15	27
6206	30	62	16	30207	35	72	17	15	18.25	51206	30	52	16	32
6207	35	72	17	30208	40	80	18	16	19.75	51207	35	62	18	37
6208	40	80	18	30209	45	85	19	16	20.75	51208	40	68	19	42
6209	45	85	19	30210	50	90	20	17	21.75	51209	45	73	20	47
6210	50	90	20	30211	55	100	21	18	22.75	51210	50	78	22	52
6211	55	100	21	30212	60	110	22	19	23.75	51211	55	90	25	57
6212	60	110	22	30213	65	120	23	20	24.75	51212	60	95	26	62
尺寸系列（03）				尺寸系列（03）						尺寸系列（13）				
6302	15	42	13	30302	15	42	13	11	14.25	51304	20	47	18	22
6303	17	47	14	30303	17	47	14	12	15.25	51305	25	52	18	27
6304	20	52	15	30304	20	52	15	13	16.25	51306	30	60	21	32
6305	25	62	17	30305	25	62	17	15	18.25	51307	35	68	24	37
6306	30	72	19	30306	30	72	19	16	20.75	51308	40	78	26	42
6307	35	80	21	30307	35	80	21	18	22.75	51309	45	85	28	47
6308	40	90	23	30308	40	90	23	20	25.25	51310	50	95	31	52
6309	45	100	25	30309	45	100	25	22	27.25	51311	55	105	35	57
6310	50	110	27	30310	50	110	27	23	29.25	51312	60	110	35	62
6311	55	120	29	30311	55	120	29	25	31.5	51313	65	115	36	67
6312	60	130	31	30312	60	130	31	26	33.5	51314	70	125	40	72
6313	65	140	33	30313	65	140	33	28	36.0	51315	75	135	44	77

附表 10

孔 A ~ M 的基本偏差数值（摘自 GB/T 1800.1—2020）

基本偏差数值/μm

注：JS 栏 偏差 = ±ITn/2，式中 n 为标准公差等级数。

公称尺寸/mm 大于	至	下极限偏差 EI（所有公差等级） A[a]	B[a]	C	CD	D	E	EF	F	FG	G	H	JS	上极限偏差 ES J IT6	J IT7	J IT8	K[c,d] ≤IT8	K[c,d] >IT8	M[b,c,d] ≤IT8	M[b,c,d] >IT8
—	3	+270	+140	+60	+34	+20	+14	+10	+6	+4	+2	0	±ITn/2	+2	+4	+6	0	0	−2	−2
3	6	+270	+140	+70	+46	+30	+20	+14	+10	+6	+4	0	±ITn/2	+5	+6	+10	−1+Δ	−1	−4+Δ	−4
6	10	+280	+150	+80	+56	+40	+25	+18	+13	+8	+5	0	±ITn/2	+5	+8	+12	−1+Δ	−1	−6+Δ	−6
10	14	+290	+150	+95	+70	+50	+32	+23	+16	+10	+6	0	±ITn/2	+6	+10	+15	−1+Δ	−1	−7+Δ	−7
14	18	+290	+150	+95	+70	+50	+32	+23	+16	+10	+6	0	±ITn/2	+6	+10	+15	−1+Δ	−1	−7+Δ	−7
18	24	+300	+160	+110	+85	+65	+40	+28	+20	+12	+7	0	±ITn/2	+8	+12	+20	−2+Δ	−2	−8+Δ	−8
24	30	+300	+160	+110	+85	+65	+40	+28	+20	+12	+7	0	±ITn/2	+8	+12	+20	−2+Δ	−2	−8+Δ	−8
30	40	+310	+170	+120	+100	+80	+50	+35	+25	+15	+9	0	±ITn/2	+10	+14	+24	−2+Δ	−2	−9+Δ	−9
40	50	+320	+180	+130	+100	+80	+50	+35	+25	+15	+9	+0	±ITn/2	+10	+14	+24	−2+Δ	−2	−9+Δ	−9
50	65	+340	+190	+140		+100	+60		+30		+10	0	±ITn/2	+13	+18	+28	−2+Δ	−2	−11+Δ	−11
65	80	+360	+200	+150		+100	+60		+30		+10	0	±ITn/2	+13	+18	+28	−2+Δ	−2	−11+Δ	−11
80	100	+380	+220	+170		+120	+72		+36		+12	0	±ITn/2	+16	+22	+34	−3+Δ	−3	−13+Δ	−13
100	120	+410	+240	+180		+120	+72		+36		+12	0	±ITn/2	+16	+22	+34	−3+Δ	−3	−13+Δ	−13
120	140	+460	+260	+200		+145	+85		+43		+14	0	±ITn/2	+18	+26	+41	−3+Δ	−3	−15+Δ	−15
140	160	+520	+280	+210		+145	+85		+43		+14	0	±ITn/2	+18	+26	+41	−3+Δ	−3	−15+Δ	−15
160	180	+580	+310	+230		+145	+85		+43		+14	0	±ITn/2	+18	+26	+41	−3+Δ	−3	−15+Δ	−15
180	200	+660	+340	+240		+170	+100		+50		+15	0	±ITn/2	+22	+30	+47	−4+Δ	−4	−17+Δ	−17
200	225	+740	+380	+260		+170	+100		+50		+15	0	±ITn/2	+22	+30	+47	−4+Δ	−4	−17+Δ	−17
225	250	+820	+420	+280		+170	+100		+50		+15	0	±ITn/2	+22	+30	+47	−4+Δ	−4	−17+Δ	−17
250	280	+920	+480	+300		+190	+110		+56		+17	0	±ITn/2	+25	+36	+47	−4+Δ	−4	−20+Δ	−20
280	315	+1 050	+540	+330		+190	+110		+56		+17	0	±ITn/2	+25	+36	+47	−4+Δ	−4	−20+Δ	−20
315	355	+1 200	+600	+360		+210	+125		+62		+18	0	±ITn/2	+29	+39	+55	−4+Δ	−4	−21+Δ	−21
355	400	+1 350	+680	+400		+210	+125		+62		+18	0	±ITn/2	+29	+39	+55	−4+Δ	−4	−21+Δ	−21

基本偏差数值/μm

公称尺寸/mm		下极限偏差，EI 所有公差等级												上极限偏差，ES						
														J			K^{c,d}		M^{b,c,d}	
大于	至	A^a	B^a	C	CD	D	E	EF	F	FG	G	H	JS	IT6	IT7	IT8	≤IT8	>IT8	≤IT8	>IT8
400	450	+1 500	+760	+440		+230	+135		+68		+20	0		+33	+43	+66	−5+Δ	0	−23+Δ	−23
450	500	+1 650	+840	+480																
500	560					+260	+145		+76		+22	0					0		−26	−26
560	630												偏差=±ITn/2，其中n为标准公差等级数							
630	710					+290	+160		+80		+24	0					0		−30	−30
710	800																			
800	900					+320	+170		+86		+26	0					0		−34	−34
900	1 000																			
1 000	1 120					+350	+195		+98		+28	0					0		−40	−40
1 120	1 250																			
1 250	1 400					+390	+220		+110		+30	0					0		−48	−48
1 400	1 600																			
1 600	1 800					+430	+240		+120		+32	0					0		−58	−58
1 800	2 000																			
2 000	2 240					+480	+260		+130		+34	0					0		−68	−68
2 240	2 500																			
2 500	2 800					+520	+290		+145		+38	0					0		−76	−76
2 800	3 150																			

a 公称尺寸≤1 mm时，不适用基本偏差 A 和 B。

b 特例：对于公称尺寸大于 250 ~ 315 mm 的公差带代号 M6，ES=−9 μm（计算结果不是 −11 μm）。

c 为确定 K 和 M 的值，见 GB/T 1800.1—2020 中 4.3.2.5。

d 对于 Δ 值，见附表 11。

附表 11

孔 N ~ ZC 的基本偏差数值（摘自 GB/T 1800.1—2020）

基本偏差数值 /μm
上极限偏差，ES

公称尺寸 /mm 大于	至	N[a,b] ≤IT8	N[a] >IT8	P ~ ZC[a] ≤IT17	P	R	S	T	U	V	X	Y	Z	ZA	ZB	ZC	Δ值 标准公差等级 IT3	IT4	IT5	IT6	IT7	IT8
					≤IT7 的标准公差等级 >IT7 的标准公差等级																	
—	3	-4	-4	在 >IT7 的标准公差等级的基本偏差数值上增加一个 Δ 值	-6	-10	-14		-18		-20		-26	-32	-40	-60	0	0	0	0	0	0
3	6	-8+Δ	0		-12	-15	-19		-23		-28		-35	-42	-50	-80	1	1.5	1	3	4	6
6	10	-10+Δ	0		-15	-19	-23		-28		-34		-42	-52	-67	-97	1	1.5	2	3	6	7
10	14	-12+Δ	0		-18	-23	-28		-33		-40		-50	-64	-90	-130	1	2	3	3	7	9
14	18	-12+Δ	0		-18	-23	-28		-33	-39	-45		-60	-77	-108	-150	1	2	3	3	7	9
18	24	-15+Δ	0		-22	-28	-35		-41	-47	-54	-63	-73	-98	-136	-188	1.5	2	3	4	8	12
24	30	-15+Δ	0		-22	-28	-35	-41	-48	-55	-64	-75	-88	-118	-160	-218	1.5	2	3	4	8	12
30	40	-17+Δ	0		-26	-34	-43	-48	-60	-68	-80	-94	-112	-148	-200	-274	1.5	3	4	5	9	14
40	50	-17+Δ	0		-26	-34	-43	-54	-70	-81	-97	-114	-136	-180	-242	-325	1.5	3	4	5	9	14
50	65	-20+Δ	0		-32	-41	-53	-66	-87	-102	-122	-144	-172	-226	-300	-405	2	3	5	6	11	16
65	80	-20+Δ	0		-32	-43	-59	-75	-102	-120	-146	-174	-210	-274	-360	-480	2	3	5	6	11	16
80	100	-23+Δ	0		-37	-51	-71	-91	-124	-146	-178	-214	-258	-335	-445	-585	2	4	5	7	13	19
100	120	-23+Δ	0		-37	-54	-79	-104	-144	-172	-210	-254	-310	-400	-525	-690	2	4	5	7	13	19
120	140	-27+Δ	0		-43	-63	-92	-122	-170	-202	-248	-300	-365	-470	-620	-800	3	4	6	7	15	23
140	160	-27+Δ	0		-43	-65	-100	-134	-190	-228	-280	-340	-415	-535	-700	-900	3	4	6	7	15	23
160	180	-27+Δ	0		-43	-68	-108	-146	-210	-252	-310	-380	-465	-600	-780	-1 000	3	4	6	7	15	23
180	200	-31+Δ	0		-50	-77	-122	-166	-236	-284	-350	-425	-520	-670	-880	-1 150	3	4	6	9	17	26
200	225	-31+Δ	0		-50	-80	-130	-180	-258	-310	-385	-470	-575	-740	-960	-1 250	3	4	6	9	17	26
225	250	-31+Δ	0		-50	-84	-140	-196	-284	-340	-425	-520	-640	-820	-1 050	-1 350	3	4	6	9	17	26
250	280	-34+Δ	0		-56	-94	-158	-218	-315	-385	-475	-580	-710	-920	-1 200	-1 550	4	4	7	9	20	29
280	315	-34+Δ	0		-56	-98	-170	-240	-350	-425	-525	-650	-790	-1 000	-1 300	-1 700	4	4	7	9	20	29

公称尺寸/mm		基本偏差数值/μm 上极限偏差, ES															Δ值 标准公差等级					
		N^a,b		≤IT7	>IT7 的标准公差等级																	
大于	至	≤IT18	>IT8	P~ZC^a	P	R	S	T	U	V	X	Y	Z	ZA	ZB	ZC	IT3	IT4	IT5	IT6	IT7	IT8
315	355	−37+Δ	0	在 >IT7 的标准公差等级的基本偏差数值上增加一个 Δ 值	−62	−108	−190	−268	−390	−475	−590	−730	−900	−1 150	−1 500	−1 900	4	5	7	11	21	32
355	400	−37+Δ	0		−62	−114	−208	−294	−453	−530	−660	−820	−1 000	−1 300	−1 650	−2 100	4	5	7	11	21	32
400	450	−40+Δ	0		−68	−126	−232	−330	−490	−595	−740	−920	−1 100	−1 450	−1 850	−2 400	5	5	7	13	23	34
450	500	−40+Δ	0		−68	−132	−252	−360	−540	−660	−820	−1 000	−1 250	−1 600	−2 100	−2 600	5	5	7	13	23	34
500	560	−44			−78	−150	−280	−400	−600													
560	630	−44			−78	−155	−310	−450	−660													
630	710	−50			−88	−175	−340	−500	−740													
710	800	−50			−88	−185	−380	−560	−840													
800	900	−56			−100	−210	−430	−620	−940													
900	1 000	−56			−100	−220	−470	−680	−1 050													
1 000	1 120	−66			−120	−250	−520	−780	−1 150													
1 120	1 250	−66			−120	−260	−580	−840	−1 300													
1 250	1 400	−78			−140	−300	−640	−960	−1 450													
1 400	1 600	−78			−140	−330	−720	−1 050	−1 600													
1 600	1 800	−92			−170	−370	−820	−1 200	−1 850													
1 800	2 000	−92			−170	−400	−920	−1 350	−2 000													
2 000	2 240	−110			−195	−440	−1 000	−1 500	−2 300													
2 240	2 500	−110			−195	−460	−1 100	−1 650	−2 500													
2 500	2 800	−135			−240	−550	−1 250	−1 900	−2 900													
2 800	3 150	−135			−240	−580	−1 400	−2 100	−3 200													

a 为确定 N 和 P~ZC 的值，见 GB/T 1800.1—2020 中 4.3.2.5。

b 公称尺寸 ≤ 1 mm 时，不使用标准公差等级 >IT8 的基本偏差 N。

附表 12　　　　　　　　　轴 a～j 的基本偏差数值（摘自 GB/T 1800.1—2020）

公称尺寸/mm 大于	至	基本偏差数值/μm 上极限偏差，es 所有公差等级 a[a]	b[a]	c	cd	d	e	ef	f	fg	g	h	js	下极限偏差，ei IT5 和 IT6 j	IT7 j	IT8 j
—	3	−270	−140	−60	−34	−20	−14	−10	−6	−4	−2	0		−2	−4	−6
3	6	−270	−140	−70	−46	−30	−20	−14	−10	−6	−4	0		−2	−4	
6	10	−280	−150	−80	−56	−40	−25	−18	−13	−8	−5	0		−2	−5	
10	14	−290	−150	−95	−70	−50	−32	−23	−16	−10	−6	0		−3	−6	
14	18	−290	−150	−95	−70	−50	−32	−23	−16	−10	−6	0		−3	−6	
18	24	−300	−160	−110	−85	−65	−40	−25	−20	−12	−7	0		−4	−8	
24	30	−300	−160	−110	−85	−65	−40	−25	−20	−12	−7	0		−4	−8	
30	40	−310	−170	−120	−100	−80	−50	−35	−25	−15	−9	0		−5	−10	
40	50	−320	−180	−130	−100	−80	−50	−35	−25	−15	−9	0		−5	−10	
50	65	−340	−190	−140		−100	−60		−30		−10	0	偏差 = ± ITn/2, 式中, n 是标准公差等级数	−7	−12	
65	80	−360	−200	−150		−100	−60		−30		−10	0		−7	−12	
80	100	−380	−220	−170		−120	−72		−36		−12	0		−9	−15	
100	120	−410	−240	−180		−120	−72		−36		−12	0		−9	−15	
120	140	−460	−260	−200		−145	−85		−43		−14	0		−11	−18	
140	160	−520	−280	−210		−145	−85		−43		−14	0		−11	−18	
160	180	−580	−310	−230		−145	−85		−43		−14	0		−11	−18	
180	200	−660	−340	−240		−170	−100		−50		−15	0		−13	−21	
200	225	−740	−380	−260		−170	−100		−50		−15	0		−13	−21	
225	250	−820	−420	−280		−170	−100		−50		−15	0		−13	−21	
250	280	−920	−480	−300		−190	−110		−56		−17	0		−16	−26	
280	315	−1 050	−540	−330		−190	−110		−56		−17	0		−16	−26	

公称尺寸 / mm		基本偏差数值 /μm 上极限偏差，es												下极限偏差，ei		
		所有公差等级												IT5 和 IT6	IT7	IT8
大于	至	a[a]	b[a]	c	cd	d	e	ef	f	fg	g	h	js	j		
315	355	−1 200	−600	−360		−210	−125		−61		−18	0	偏差 = ± ITn/2, 式中，n 是标准公差等级数	−18	−28	
355	400	−1 350	−680	−400												
400	450	−1 500	−760	−440		−230	−135		−68		−20	0		−20	−32	
450	500	−1 650	−840	−480												
500	560					−260	−145		−76		−22	0				
560	630															
630	710					−290	−160		−80		−24	0				
710	800															
800	900					−320	−170		−86		−26	0				
900	1 000															
1 000	1 120					−350	−195		−98		−28	0				
1 120	1 250															
1 250	1 400					−390	−220		−110		−30	0				
1 400	1 600															
1 600	1 800					−430	−240		−120		−32	0				
1 800	2 000															
2 000	2 240					−480	−260		−130		−34	0				
2 240	2 500															
2 500	2 800					−520	−290		−145		−38	0				
2 800	3 150															

[a] 公称尺寸 ≤ 1 mm 时，不使用基本偏差 a 和 b。

附表 13

轴 k ~ zc 的基本偏差数值（摘自 GB/T 1800.1—2020）

| 公称尺寸/mm | | 基本偏差数值/μm 下极限偏差，ei 所有公差等级 | | | | | | | | | | | | | | | |
大于	至	k (IT4至IT7)	k (≤IT3、>IT7)	m	n	p	r	s	t	u	v	x	y	z	za	zb	zc
—	3	0	0	+2	+4	+6	+10	+14		+18		+20		+26	+32	+40	+60
3	6	+1	0	+4	+8	+12	+15	+19		+23		+28		+35	+35	+50	+80
6	10	+1	0	+6	+10	+15	+19	+23		+28		+34		+42	+42	+67	+97
10	14	+1	0	+7	+12	+18	+23	+28		+33		+40		+50	+50	+90	+130
14	18	+1	0	+7	+12	+18	+23	+28		+33	+39	+45		+60	+77	+108	+150
18	24	+2	0	+8	+15	+22	+28	+35		+41	+47	+54	+63	+73	+98	+136	+188
24	30	+2	0	+8	+15	+22	+28	+35	+41	+48	+55	+64	+75	+88	+118	+160	+218
30	40	+2	0	+9	+17	+26	+34	+43	+48	+60	+68	+80	+94	+112	+148	+200	+274
40	50	+2	0	+9	+17	+26	+34	+43	+54	+70	+81	+97	+114	+136	+180	+242	+325
50	65	+2	0	+11	+20	+32	+41	+53	+66	+87	+102	+122	+144	+172	+226	+300	+405
65	80	+2	0	+11	+20	+32	+43	+59	+75	+102	+120	+146	+174	+210	+274	+360	+480
80	100	+3	0	+13	+23	+37	+51	+71	+91	+124	+146	+178	+214	+258	+335	+445	+585
100	120	+3	0	+13	+23	+37	+54	+79	+104	+144	+172	+210	+254	+310	+400	+525	+690
120	140	+3	0	+15	+27	+43	+63	+92	+122	+170	+202	+248	+300	+365	+470	+620	+800
140	160	+3	0	+15	+27	+43	+65	+100	+134	+190	+228	+280	+340	+415	+535	+700	+900
160	180	+3	0	+15	+27	+43	+68	+108	+146	+210	+252	+310	+380	+465	+600	+780	+1 000
180	200	+4	0	+17	+31	+50	+77	+122	+166	+236	+284	+350	+425	+520	+670	+880	+1 150
200	225	+4	0	+17	+31	+50	+80	+130	+180	+258	+310	+385	+470	+575	+740	+960	+1 250
225	250	+4	0	+17	+31	+50	+84	+140	+196	+284	+340	+425	+520	+640	+820	+1 050	+1 350
250	280	+4	0	+20	+34	+56	+94	+158	+218	+315	+385	+475	+580	+710	+920	+1 200	+1 550
280	315	+4	0	+20	+34	+56	+98	+170	+240	+350	+425	+525	+650	+790	+1 000	+1 300	+1 700

公称尺寸 /mm		基本偏差数值 /μm 下极限偏差，ei 所有公差等级															
大于	至	k (IT4至IT7)	k (≤IT3,>IT7)	m	n	p	r	s	t	u	v	x	y	z	za	zb	zc
315	355	+4	0	+21	+37	+62	+108	+190	+268	+390	+475	+590	+730	+900	+1 150	+1 500	+1 900
355	400	+4	0	+21	+37	+62	+114	+208	+294	+435	+530	+660	+820	+1 000	+1 300	+1 650	+2 100
400	450	+5	0	+23	+40	+68	+126	+232	+330	+490	+595	+740	+920	+1 100	+1 450	+1 850	+2 400
450	500	+5	0	+23	+40	+68	+132	+252	+360	+540	+680	+820	+1 000	+1 250	+1 600	+2 100	+2 600
500	560	0	0	+26	+44	+78	+150	+280	+400	+600							
560	630	0	0	+26	+44	+78	+155	+310	+450	+660							
630	710	0	0	+30	+50	+88	+175	+340	+500	+740							
710	800	0	0	+30	+50	+88	+185	+380	+560	+840							
800	900	0	0	+34	+56	+100	+210	+430	+620	+940							
900	1 000	0	0	+34	+56	+100	+220	+470	+680	+1 050							
1 000	1 120	0	0	+40	+66	+120	+250	+520	+780	+1 150							
1 120	1 250	0	0	+40	+66	+120	+260	+580	+840	+1 300							
1 250	1 400	0	0	+48	+78	+140	+300	+640	+960	+1 450							
1 400	1 600	0	0	+48	+78	+140	+330	+720	+1 050	+1 600							
1 600	1 800	0	0	+58	+92	+170	+370	+820	+1 200	+1 850							
1 800	2 000	0	0	+58	+92	+170	+400	+920	+1 350	+2 000							
2 000	2 240	0	0	+68	+110	+195	+440	+1 000	+1 500	+2 300							
2 240	2 500	0	0	+68	+110	+195	+460	+1 100	+1 550	+2 500							
2 500	2 800	0	0	+76	+135	+240	+550	+1 250	+1 900	+2 900							
2 800	3 150	0	0	+76	+135	+240	+580	+1 400	+2 100	+3 200							

牌号	统一数字代号	使用举例	说明
1. 灰铸铁（摘自 GB/T 5612—2008）、工程用铸钢（摘自 GB/T 11352—2009）			
HT150 HT200 HT350 ZG230–450 ZG310–570		中强度铸铁：底座、刀架、轴承座、端盖 高强度铸铁：床身、机座、齿轮、凸轮、联轴器、机座、箱体、支架 各种形状的机件、齿轮、飞轮、重负荷机架	"HT"表示灰铸铁，后面的数字表示最小抗拉强度（MPa） "ZG"表示铸钢，第一组数字表示屈服强度最低值（MPa），第二组数字表示抗拉强度最低值（MPa）
2. 碳素结构钢（摘自 GB/T 700—2006）、优质碳素结构钢（摘自 GB/T 699—2015）			
Q215 Q235 Q255 Q275		受力不大的螺钉、轴、凸轮、焊件等 螺栓、螺母、拉杆、钩、连杆、轴、焊件 金属构造物中的一般机件、拉杆、轴、焊件 重要的螺钉、拉杆、钩、连杆、轴、销、齿轮	"Q"表示钢的屈服强度，数字为屈服强度数值（MPa），同一钢号下分质量等级，用 A、B、C、D 表示质量依次下降，如 Q235A
30 35 40 45 65Mn	U20302 U20352 U20402 U20452 U21652	曲轴、轴销、连杆、横梁 曲轴、摇杆、拉杆、键、销、螺栓 齿轮、齿条、凸轮、曲柄轴、链轮 齿轮轴、联轴器、衬套、活塞销、链轮 大尺寸的各种扁弹簧、圆弹簧，如座板簧、弹簧发条	牌号数字表示钢中平均含碳量的万分数，例如，"45"表示平均含碳量为 0.45%，数字依次增大，抗拉强度、硬度增加，断后伸长率降低。当含锰量为 0.7% ~ 1.2% 时需注出"Mn"
3. 合金结构钢（摘自 GB/T 3077—2015）			
15Cr 40Cr 20CrMnTi	A20152 A20402 A26202	用于渗碳零件、齿轮、小轴、离合器、活塞销 活塞销、凸轮，用于心部韧性较高的渗碳零件 工艺性好，汽车、拖拉机的重要齿轮，供渗碳处理	符号前数字表示含碳量的万分数，符号后数字表示元素含量的百分数，当含量小于 1.5% 时不注数字

牌号或代号	使用举例	说明
1. 加工黄铜（摘自 GB/T 5231—2022）、铸造铜合金（摘自 GB/T 1176—2013）		
H62（代号）	散热器、垫圈、弹簧、螺钉等	"H"表示普通黄铜，数字表示铜含量的平均百分数
ZCuZn38Mn2Pb2 ZCuSn5Pb5Zn5 ZCuAl10Fe3	铸造黄铜：用于轴瓦、轴套及其他耐磨零件 铸造锡青铜：用于承受摩擦的零件，如轴承 铸造铝青铜：用于制造蜗轮、衬套和耐腐蚀性零件	"ZCu"表示铸造铜合金，合金中的其他元素用化学符号表示，符号后数字表示该元素含量的平均百分数

牌号或代号	使用举例	说明
2. 铝及铝合金（摘自 GB/T 3190—2020）、铸造铝合金（摘自 GB/T 1173—2013）		
1060 1050A 2A12 2A13	适于制作储槽、塔、热交换器、防止污染及深冷设备 适用于中等强度的零件，焊接性能好	铝及铝合金牌号用四位数字或字符表示，部分新旧牌号对照如下： 新　　旧　　新　　旧 1060　L2　　2A12　LY12 1050A　L3　　2A13　LY13
ZAlCu5Mn （代号 ZL201） ZAlMg10 （代号 ZL301）	砂型铸造，工作温度为 175～300 ℃的零件，如内燃机缸头、活塞 在大气或海水中工作、承受冲击载荷、外形不太复杂的零件，如舰船配件等	"ZAl"表示铸造铝合金，合金中的其他元素用化学符号表示，符号后数字表示该元素含量的平均百分数。代号中的数字表示合金系列代号和顺序号